PRINCIPES

D'AGRICULTURE

Imprimerie de Ch. Lahure (ancienne maison Crapelet)
rue de Vaugirard, 9, près de l'Odéon

PRINCIPES
D'AGRICULTURE

A L'USAGE

DES ÉTABLISSEMENTS D'INSTRUCTION AGRICOLE

ET DES CULTIVATEURS

PAR

VICTOR RENDU

INSPECTEUR GÉNÉRAL DE L'AGRICULTURE

PARIS

LIBRAIRIE DE L. HACHETTE ET Cie

RUE PIERRE-SARRAZIN, N° 14

(Près de l'École de Médecine)

1853

PRÉFACE.

Ce Traité élémentaire d'agriculture n'a aucune prétention scientifique, c'est un simple résumé des doctrines qui régissent l'art agricole et lui servent de base fondamentale : il s'adresse surtout aux établissements d'instruction agricole et aux agriculteurs.

L'auteur s'est fait un devoir de n'admettre, comme principes, que ceux réellement dignes de ce nom et sur lesquels les bons écrivains sont tous d'accord : les théories douteuses, quelle que fût l'autorité du nom sous lequel elles s'abritaient, ont été scrupuleusement écartées : elles n'étaient propres, en effet, qu'à jeter du doute dans l'esprit.

Les excellents écrits de Thaer, Schwertz, Bürger, John Sinclair, Mathieu de Dombasle et de Gasparin ont été mis à profit dans ce travail. Puisse-t-il atteindre son double but, faciliter l'étude de l'agriculture et présenter, le plus clairement possible, l'exposé des règles générales, laissant au bon sens de chacun le soin d'en faire l'application suivant les exigences locales!

V. RENDU.

Paris, le 1ᵉʳ avril 1853.

TABLE DES MATIÈRES.

CHAPITRE V.

CULTURE DU SOL. — INSTRUMENTS ARATOIRES.

CHAPITRE VI.

DE LA CULTURE DES PLANTES. — PRINCIPES GÉNÉRAUX.

CHAPITRE VII.

CULTURE SPÉCIALE DES PLANTES.

CHAPITRE VIII.

SYSTÈME DE CULTURE.

CHAPITRE IX.

SIMPLES NOTIONS D'ÉCONOMIE RURALE.

FIN DE LA TABLE DES MATIÈRES.

PRINCIPES

D'AGRICULTURE.

DÉFINITION ET BUT DE L'AGRICULTURE.

L'agriculture est l'art de cultiver la terre, c'est-à-dire de produire les plantes, d'élever et de multiplier les animaux nécessaires aux besoins de l'homme, de manière à en obtenir, économiquement, de bons résultats.

L'agriculture la plus parfaite est celle à l'aide de laquelle le cultivateur, tous frais payés, tire de son industrie le produit le plus élevé et le plus durable, eu égard aux ressources dont il dispose et aux circonstances où il se trouve placé.

Pour atteindre ce but, il faut :

1° Connaître la nature du sol sur lequel on veut opérer, afin de conserver et d'accroître ses qualités et de remédier à ses défauts;

2° Préparer le sol par la culture, ce qui implique nécessairement la connaissance des divers

1

instruments à l'aide desquels les opérations mécaniques de la culture s'exécutent avec le plus d'avantages ;

3° Connaître la valeur des engrais et des amendements que réclament le sol et l'alimentation des plantes ;

4° Cultiver chaque plante de manière qu'elle donne, économiquement, le plus haut produit possible ;

5° Connaître les rapports qui existent entre les différentes récoltes, de manière à les combiner avec les besoins de l'exploitation ;

6° Connaître les soins qu'exigent l'élevage, l'entretien et la multiplication du bétail ;

7° Enfin, apprécier la valeur des diverses opérations agricoles relativement à l'ensemble de l'exploitation, et déterminer leur prix de *revient*, afin de se rendre compte du taux auquel s'élève l'intérêt des capitaux engagés dans l'exploitation.

Ces différentes parties de la science agricole sont liées étroitement les unes aux autres ; de leur étude et de leur application raisonnée dépendent la marche régulière et le succès de l'exploitation.

CHAPITRE PREMIER.

DU SOL.

1. DÉFINITION ET FONCTIONS DU SOL.

Le sol, en agriculture, est cette couche superficielle de la terre travaillée par les instruments aratoires.

Le sol remplit deux fonctions à l'égard des plantes : il leur sert de point d'appui et leur fournit certains principes élémentaires qui entrent dans leur composition. On peut encore le considérer comme une espèce de réservoir où s'élaborent, sous l'influence combinée de l'air, de la chaleur et de l'humidité, les diverses substances destinées à la nutrition des végétaux.

Bien que les parties constituantes du sol soient aussi variées que les roches dont les débris déterminent sa formation, leur étude spéciale n'est pas du ressort de l'agriculture; celle-ci n'envisage que leur mélange à l'état de *terre arable*. Trois substances minérales principales entrent dans sa composition : l'argile, le sable et le carbonate de chaux. Chacune d'elles, prise isolément, n'est susceptible d'aucune culture profitable ; mêlées, au contraire, entre elles, suivant diverses proportions, elles deviennent le grand laboratoire du cultivateur et jouissent, dans leurs rapports avec la température et l'humidité de l'atmosphère, de propriétés physiques fort importantes comme conditions premières de la fertilité du sol.

2. DE L'ARGILE ET DU TERRAIN ARGILEUX.

L'argile résulte de l'union intime de deux substances terreuses, l'alumine et la silice, combinées entre elles suivant diverses proportions.

Les couleurs qu'elle présente sont variées : on en voit de grises, de brunes, de noires, de rouges, etc.; cette dernière coloration est due principalement à la présence de l'oxyde de fer.

L'argile est caractérisée par certaines propriétés spéciales.

Elle happe à la langue, c'est-à-dire qu'elle s'y attache fortement et en absorbe l'humidité.

Elle a une odeur particulière, connue sous le nom d'*odeur de terre*, dont la sensation se révèle surtout après une pluie succédant à la sécheresse.

A l'état sec, elle absorbe facilement l'eau; lorsqu'elle en contient une assez grande quantité, elle devient adhérente et ductile, au point de recevoir toutes sortes de formes.

L'argile absorbe 70 pour 100 de son poids d'eau ; une fois saturée, elle ne se laisse plus pénétrer par ce liquide.

L'argile humide, exposée à la gelée, se crevasse et se délite ; soumise à la chaleur, elle laisse difficilement évaporer l'eau qu'elle contient ; au fur et à mesure que celle-ci s'évapore, elle devient de plus en plus dure, se contracte, perd de son volume et se fend.

L'argile, en contact avec l'air, s'en laisse pénétrer et absorbe l'humidité qu'il contient.

Elle jouit de la propriété de s'emparer des gaz ammoniacaux et de les retenir entre ses particules pour les transmettre, à l'aide de l'eau, aux racines des plantes.

Ces propriétés de l'argile sont d'autant plus prononcées, que l'alumine y domine davantage.

Lorsque le sol contient une assez forte proportion d'argile pour former, à l'état humide, par le labour, des mottes compactes que la herse écrase imparfaitement, on l'appelle *terrain argileux*, désigné aussi dans la pratique sous le nom de *terrain fort*. Sa cohésion et sa faculté d'absorber une grande quantité d'eau et de la retenir longtemps, forment ses principaux caractères distinctifs.

Le terrain argileux présente plusieurs avantages au cultivateur :

Il adhère avec l'eau de telle sorte que, pendant une longue sécheresse, il conserve la fraîcheur indispensable à la végétation, propriété d'autant plus précieuse, que le climat est plus chaud.

Il favorise la croissance des végétaux.

Il offre une base solide aux racines des plantes, empêche l'air de pénétrer jusqu'à elles et les maintient ainsi dans une température plus égale, malgré les variations de l'atmosphère.

Il retient fortement et s'incorpore, pour ainsi dire, les substances destinées à la nourriture des plantes; d'où suit qu'après avoir été fortement fumé, le terrain argileux conserve plus longtemps que tout autre sol sa fertilité, les engrais qu'il renferme s'y trouvant préservés de l'action dissolvante des agents atmosphériques.

Ces avantages sont contre-balancés par les inconvénients suivants, lorsque le terrain argileux contient une trop forte proportion d'alumine qui le rend très-tenace :

Par des temps de pluies prolongées, l'eau ne pouvant plus pénétrer dans le sol qui en est saturé, demeure à la surface jusqu'à ce qu'elle soit entièrement évaporée, et alors, si le terrain est ensemencé, les plantes y souffrent du séjour de l'eau; tant qu'il est humide, son accès est interdit aux voitures, et les instruments aratoires ne peuvent y fonctionner utilement.

En été, par la sécheresse, en hiver, par la gelée, le terrain argileux se crevasse, les racines des plantes sont déchirées, mises à nu et exposées à l'action nuisible de l'air. Dans l'un et l'autre cas, le sol se durcit à tel point, que la charrue peut à peine le diviser en grosses mottes : celles-ci résistent à la herse et au rouleau aussi longtemps que la pluie ne les a pas pénétrées.

Le terrain argileux s'échauffe lentement et perd vite sa chaleur; les récoltes y sont plus tardives que dans tout autre sol.

Ces défauts du terrain argileux tenace peuvent être corrigés :

1° Par l'assainissement du sol au moyen de fossés couverts, du drainage, de rigoles d'écoulement;

2° Par l'écobuage;

3° Par le marnage, ou mieux encore le chaulage;

4° Par des labours profonds donnés principalement avant l'hiver;

5° Par d'abondantes fumures consistant surtout en engrais pailleux, comme le sont les fumiers d'étables appliqués frais.

Le terrain argileux convient essentiellement au froment et à l'avoine. Le colza et les féveroles y prospèrent; le trèfle et les vesces sont les seuls fourrages artificiels qui y réussissent : il est souvent avantageux de convertir en herbage le sol argileux tenace.

Le terrain argileux, tout en conservant les caractères généraux que lui assigne la prédominance de l'argile, peut contenir une proportion plus ou moins forte de sable; dans ce cas, il prend le nom de terrain *argilo-sableux* et devient d'autant plus facile à cultiver, qu'il est mélangé avec une plus grande quantité de sable. Lorsque le sable uni à l'argile est extrêmement fin et semble, par son adhérence, être combiné avec elle, il en résulte une nature de terre très-compacte qui se bat facilement par la pluie, tend sans cesse à se *reprendre*, devient de plus en plus blanchâtre en se séchant, résiste à l'action des gelées et exige une série de beaux jours pour être labourée avec avantage : cette espèce de terrain, d'une culture très-difficile, donne de belles récoltes de blé et de trèfle; on la connaît sous le nom de *terre blanche* ou *terre boulbène*.

Uni à une certaine proportion de sable et de carbonate de chaux, le terrain argileux forme les meilleurs sols; on les désigne sous le nom de *terres franches*. Celles-ci se laissent aisément cultiver; les plantes y résistent mieux que dans tout autre sol aux intempéries des saisons; toutes les récoltes y prospèrent et y donnent, économiquement, les plus hauts produits; elles n'exigent ni marnages, ni chaulages dispendieux, pour être portées à leur maximum de rapport : les fourrages artificiels de toute nature y donnent d'abondantes récoltes et tous les produits y sont d'excellente qualité.

3. DU SABLE ET DU TERRAIN SABLONNEUX.

Les propriétés du sable diffèrent complétement de celles de l'argile.

Le sable n'a pas de cohésion et ne forme jamais pâte, quelle que soit son humidité.

Il ne perd pas de son volume par la dessiccation.

L'eau le traverse sans le pénétrer, elle s'en évapore très-rapidement.

Le sable n'absorbe pas l'humidité de l'air. Il s'échauffe facilement et retient la chaleur avec force.

Ces propriétés sont d'autant plus prononcées, que le terrain contient plus de sable et surtout du sable à gros grain : elles sont d'autant moins sensibles, que ses particules sont plus ténues.

Le sable fin qu'aucune terre ne lie, est un *sable mouvant* sujet à être emporté par le vent, tel est le sable des dunes ; dans cet état, il est impropre à toute végétation ; mais, lorsqu'il a été fixé, on peut y cultiver avec succès des essences forestières, notamment le pin maritime. Le sable à gros grain est tout à fait aride.

Le sable, pour être cultivé avec profit et devenir susceptible de fertilité, doit présenter une certaine liaison qui lui permette de fournir un appui aux plantes et de retenir l'eau ; l'argile surtout lui communique cette consistance nécessaire.

Le terrain sablonneux acquiert d'autant plus de cohésion, qu'il contient plus d'argile ; plus les particules du sable sont fines, plus elles ont d'affinité pour l'eau, moins il leur faut d'argile ou de carbonate de chaux pour être élevées à l'état de terre cultivable.

Le terrain sablonneux a d'autant plus de valeur, qu'il contient plus d'argile et qu'il se trouve dans un climat plus humide.

Par opposition avec les terrains argileux désignés, dans la pratique, sous le nom de *terrains forts*, le terrain sablonneux est aussi appelé *terrain léger* par les cultivateurs.

Lorsque le terrain sablonneux, labouré à l'état humide, forme des mottes, lesquelles s'écrasent complétement avec la herse, il prend le nom de terrain *sablo-argileux* ; il garde sa dénomination de *terrain sablonneux* si la terre, labourée par un temps humide, ne présente pas de mottes.

Le terrain qui contient trop de sable a l'inconvénient :

1° De laisser évaporer l'eau trop facilement et, par suite, de faire souffrir les plantes de la sécheresse ;

2° De retenir à peine les matières fertilisantes entraînées et dissoutes rapidement par les eaux pluviales, ce qui exige l'application de fumures répétées ;

3° De rendre les cultures fréquentes presque indispensables pour la destruction des mauvaises herbes si abondantes dans cette espèce de sol , ce qui augmente singulièrement son défaut de consistance ;

4° D'exposer les plantes aux variations brusques de température auxquelles le terrain sablonneux est particulièrement sujet.

Le terrain sablonneux, toutes conditions égales, se ressuie plus vite que les autres terrains.

Les plantes y lèvent et y mûrissent plus tôt.

Les cultures y sont faciles et peu coûteuses.

En dehors de l'action des engrais, sa fertilité est proportionnée à la quantité d'eau pluviale qu'il reçoit chaque année.

Le seigle, le sarrasin, les navets, la pomme de terre, réussissent particulièrement dans les terrains sablonneux.

Indépendamment de ces plantes, le sol sablo-argileux produit encore de l'avoine, du trèfle, des pois, des betteraves, de la carotte, de la navette et du lin ; plus il contient d'argile et de carbonate de chaux, mieux il convient au froment, à l'orge, à la luzerne et au sainfoin.

L'amélioration du terrain sablonneux peut être obtenue :

Par l'application d'une marne argileuse ;

Par l'irrigation ;

En remplaçant les cultures fréquentes par des labours profonds donnés avec modération ;

Par du fumier à demi décomposé et le parcage des bêtes à laine ;

Par la conversion du sol en pacages ou en prairies permanentes.

4. DU CARBONATE DE CHAUX ET DU TERRAIN CALCAIRE.

Le carbonate de chaux se rencontre souvent dans la nature. Il constitue des chaînes de montagnes ; on le trouve mêlé, en quantité plus ou moins considérable, avec l'argile ou le sable ; parfois, il forme la base presque exclusive du sol.

La présence du carbonate de chaux dans le sol se dénote par l'effervescence qui se produit lorsqu'on l'arrose avec un acide tel que du vinaigre ou mieux encore de l'*eau-forte*.

Réduit en poudre, le carbonate de chaux absorbe une quantité d'eau égale à son poids, il la laisse évaporer plus facilement que l'argile.

Détrempé, il forme une pâte molle, très-adhérente à l'état humide, mais se réduisant en poudre par la sécheresse.

La présence du carbonate de chaux dans le sol, si minime que soit sa proportion, l'améliore sensiblement, au point même de rendre les terres à seigle propres à porter du froment.

Lorsqu'il s'en trouve au delà de 2 pour 100, il modifie la constitution du sol.

La présence du carbonate de chaux dans le sol argileux diminue sa cohésion, favorise l'assimilation des matières nutritives par les plantes, rend le sol plus meuble et plus friable, facilite sa dessiccation et rend sa culture moins difficile et moins coûteuse.

Appliqué au terrain sablonneux, il lui donne plus de consistance et le rend propre à d'excellentes cultures, surtout si l'irrigation lui vient en aide.

Le carbonate de chaux rend les sols argileux et sablonneux plus aptes à produire certaines plantes fourragères, comme la luzerne, la lupuline, le sainfoin qui, sans le principe calcaire, réussiraient mal ou même ne viendraient pas.

Il neutralise dans le sol la formation des acides, principes contraires à la végétation des plantes.

Le carbonate de chaux a, en outre, l'avantage d'augmenter la qualité de certains produits agricoles; ainsi, par exemple, dans les céréales, il accroît la quantité de la farine, tout en diminuant la proportion du son.

Tout sol qui contient du carbonate de chaux en proportion suffisante, est susceptible d'une culture lucrative et, toutes choses égales, jouit de plus de fertilité que les terrains qui n'en renferment pas.

Le terrain qui contient 75 pour 100 de carbonate de chaux se nomme *terrain calcaire;* en outre, suivant qu'il est mélangé de sable ou d'argile en proportion plus ou moins forte, il ajoute à sa dénomination spéciale de terrain calcaire celle de *calcaire sablonneux* ou *argileux;* les terrains composés presque exclusivement de carbonate de chaux sont désignés sous le nom de *terrains crayeux :*

Trois défauts essentiels caractérisent les terrains crayeux.

Après une pluie abondante, leur surface se prend en croûte ; les plantes en souffrent principalement au moment de leur levée.

Ils sont soulevés par les gelées et les dégels et le vent emporte leur surface pulvérisée.

Les engrais s'y décomposent avec une extrême rapidité : les plantes en sont gorgées dans la première période de leur croissance, elles en manquent dans la dernière phase de leur développement.

Dans un climat sec, le terrain calcaire, privé d'irrigation, ne convient qu'aux récoltes qui mûrissent avant l'été ; une fois les fortes chaleurs venues, tout y brûle : le sainfoin et la lupuline sont les seuls fourrages qui y réussissent complétement.

Le terrain calcaire se transforme en bouillie ou se réduit en poussière, pour peu que la pluie ou la sécheresse se prolonge. Sec, il se laboure sans peine ; humide, il rend la marche des instruments aratoires très-difficile ; mais ce labour à contre-temps n'y produit pas l'inconvénient grave qui résulte d'un labour appliqué au sol argileux par un temps humide : grâce à sa forte proportion de calcaire, les mottes et les tranches que la charrue y a formées fondent en peu de jours par le

beau temps; le hersage, d'ailleurs, en vient aisément à bout.

Au printemps, lorsque l'hiver a été rigoureux
et que les terrains calcaire et crayeux ont été soulevés, il faut bien se garder d'y faire passer la
herse, c'est le rouleau qu'on emploie pour les
raffermir et rechausser les plantes.

L'orge, parmi les céréales, le sainfoin, parmi
les récoltes fourragères, réussissent particulièrement dans le terrain calcaire; la vigne, le mûrier
y végètent avec vigueur, ainsi que le noyer : l'a-
mandier convient au terrain crayeux.

L'argile, le sable ou le carbonate de chaux se
rencontrent rarement dans un état de pureté absolue, le plus souvent on les trouve réunis en diverses proportions dans le même terrain. Quelque
favorable que soit ce mélange, le sol, ni trop
compacte, ni trop léger, n'est apte à produire des
récoltes avantageuses, qu'autant qu'il renferme
une quantité suffisante d'humus.

5. HUMUS OU TERREAU.

L'*humus* ou *terreau* est une substance brune
ou noirâtre produite par la décomposition des
matières animales ou végétales et contenant la
plupart des principes destinés à la nutrition des
plantes : ce qu'on désigne, dans la pratique, sous
le nom de *richesse* ou *fertilité* du sol s'entend

surtout de la quantité d'humus qui s'y trouve accumulée.

Au contact de l'air et de l'eau, l'humus devient soluble et sert d'aliment à la végétation.

De tous les éléments du terrain, l'humus est
celui qui décompose avec le plus d'énergie l'air
atmosphérique ; il en absorbe avidement l'humidité. Exposé au soleil, il s'échauffe rapidement à
un haut degré, mais il perd vite la chaleur.

L'humus, en agriculture, est le point central
d'où part et auquel revient toute production végétale.

Mais l'humus n'agit pas seulement comme principe nutritif des plantes, il exerce aussi une influence sur les propriétés physiques du sol. Il
tend à diviser les terres fortes en les rendant
plus perméables à l'air ; il opère en sens inverse sur les terres légères, c'est-à-dire qu'il leur
donne plus de consistance et y attire l'humidité
de l'air.

L'humus se forme plus vite dans les terrains
calcaires que dans les terrains sablonneux et argileux : le terrain argileux le retient plus fortement que les deux autres.

La valeur du sol s'élève donc en raison de la
quantité d'humus qu'il possède. Il est cependant
une exception à cette règle, c'est lorsque l'humus,
au lieu d'être *doux*, en d'autres termes, d'être
formé, à l'air, des débris de plantes qui ne contiennent pas de principe acide, résulte des débris

de plantes contenant beaucoup de tanin ou provient de plantes dont la décomposition s'est opérée sous l'eau ; dans ces deux cas, l'humus est impropre à la végétation ; pour qu'il soit assimilable aux plantes, il faut qu'il ait été débarrassé de son acidité.

L'humus acide se rencontre principalement dans les défrichements récents des forêts , dans les sols sablonneux où les bruyères, la mousse, les fougères forment, pour ainsi dire, l'unique végétation ; on le voit surtout dans les sols qui contiennent de la tourbe.

La tourbe est un terreau élastique, spongieux, d'une couleur noirâtre, formé des débris de plantes marécageuses dont la décomposition avancée et effectuée sous l'eau laisse apercevoir leur texture fibreuse. La tourbe, en se séchant, perd une partie de son poids et devient inflammable. Au premier abord, le terrain qui contient de la tourbe présente l'aspect d'un sol fertile ; mais, tant qu'on ne l'a pas débarrassé de son excès d'humidité et qu'on ne lui a pas enlevé son principe acide, il ne produit que des fourrages très-grossiers : les gelées le soulèvent, la chaleur le dessèche, de fortes pluies le transforment en marais.

L'application du carbonate de chaux, mais principalement de la chaux caustique, l'écobuage et l'action répétée des labours et des engrais sont les meilleurs procédés d'amélioration pour les sols qui contiennent une forte proportion d'humus

acide, pourvu toutefois qu'ils aient été préalablement assainis et égouttés.

En général, la quantité d'humus que possèdent
les terres arables est très-faible relativement à
leur masse minérale, mais aussi il faut très-peu
d'humus pour les rendre productives. L'excès
d'humus dans le sol, loin d'être avantageux, est
préjudiciable au cultivateur ; le terrain surchargé
d'humus se contracte ou s'enfle aux changements
notables de température ; les racines des plantes
y sont soulevées et déchaussées ; les végétaux,
gorgés de sucs nutritifs, ne peuvent s'y tenir droits
sur leurs tiges, ils *versent* et complètent difficilement leur maturité. Ces cas de richesse excessive
du sol sur de grandes surfaces sont exceptionnels
en France, on rencontre bien plus fréquemment
des contrées entières où la pauvreté native du sol
réclame toute l'industrie du cultivateur pour produire de bonnes récoltes.

Quelque important que soit le rôle de l'humus,
il ne suffit pas, non plus que la composition minérale du terrain, pour assigner au sol sa valeur
définitive. Diverses causes doivent encore être
interrogées avec soin pour déterminer la préférence qu'il faut donner à tel sol plutôt qu'à tel
autre ; de ce nombre sont la profondeur de la
couche arable, le sous-sol, la couleur du terrain,
son inclinaison, l'exposition et le climat.

6. COUCHE ARABLE ET SOUS-SOL.

Par *couche arable* appelée aussi *sol actif*, on entend l'épaisseur de terre remuée par la charrue, formant ordinairement un tout homogène, également imprégné d'humus dans toutes ses parties; sa profondeur exerce une grande influence sur la valeur du sol; dans la plupart des terrains, elle ne dépasse pas, en moyenne, 16 centimètres.

Plus la couche arable est profonde, moins le sol souffre de l'humidité et de la sécheresse; l'eau descend ainsi plus bas, elle s'y conserve dans un plus vaste réservoir d'où elle remonte à la surface, à mesure que la chaleur sollicite son ascension capillaire.

Plus la couche arable est épaisse, plus le terrain contient de substances propres à la nutrition des végétaux; les plantes y pénètrent plus avant et vont puiser leur nourriture à une plus grande profondeur, ce qui permet de les semer plus drues sans qu'elles en souffrent et procure des récoltes moins sujettes à verser et plus abondantes.

La valeur du sol est d'autant plus grande, que la couche arable a plus de profondeur, elle baisse en proportion du peu d'épaisseur de cette couche. Les terrains superficiels, en effet, ont tous les défauts inhérents à leur composition minérale; les

plantes y souffrent des alternatives d'une température extrême et leurs produits y sont peu as-
surés. On remédie à ces inconvénients par l'approfondissement de la couche arable toutes les
fois qu'on dispose d'une quantité suffisante d'engrais et que le sous-sol peut être utilement mélangé avec la surface.

On donne le nom de *sous-sol* ou *sol inerte* à la
couche de terre qui se trouve immédiatement au-
dessous de la couche arable ; dans la plupart des
cas, les qualités de la surface, surtout lorsque
la couche arable a peu de profondeur, dépendent
du fond sur lequel elle repose.

On distingue deux espèces de sous-sol : le sous-
sol de même nature que la couche arable et le
sous-sol de nature différente ; lorsqu'il donne aisément passage à l'eau on le dit *perméable*, on
l'appelle *imperméable* quand il offre une grande
résistance à l'infiltration de l'eau.

La valeur du sol est d'autant plus élevée, que
le sous-sol modifie plus avantageusement les dispositions de la couche arable à retenir l'eau.

Le sous-sol de même nature que la couche arable constitue les terres *profondes ;* ce sont les
meilleures, parce que la chaleur et l'humidité y
favorisent, dans de justes proportions, la végétation et que les plantes y puisent leur nourriture
dans un plus grand cube de terre ; mais il faut
pour cela qu'elles ne soient ni trop compactes ni
trop légères, il faut, en un mot, qu'elles soient

de bonne qualité. La profondeur de la couche
arable est déterminée par la distance qui sépare
cette couche du sous-sol. A l'aide d'un sous-sol
composé des mêmes parties constitutives que celles
de la couche arable, on peut aisément augmenter
l'épaisseur de cette dernière, il suffit, pour cela,
de fouiller le sous-sol avec un instrument particulier qui le divise sans le retourner ni le ramener
à la surface; il prend alors part à l'action des
engrais, l'air s'y infiltre, les plantes le divisent et
l'ameublissent en y enfonçant leurs racines, et
l'on peut ensuite, par un labour énergique, le ramener, en tout ou en partie, à la surface du
sol, de manière à le mélanger et à l'incorporer
à la couche arable.

Le mélange du sous-sol avec la couche arable
de même nature est souvent un bon moyen pour
renouveler la fertilité de cette dernière, épuisée
de certains principes; le sous-sol fait, dans ce
cas, l'office d'un dépôt où l'on puise, au fur et à
mesure des besoins, les moyens de régénérer la
couche arable.

Un sous-sol, de nature différente de celle de la
couche arable, n'est avantageux qu'autant que
ses qualités sont opposées à celles de la couche
arable. La perméabilité ou l'imperméabilité est
ici le caractère essentiel dont il faut se préoccuper.

Le sable et le calcaire laissent aisément passer
l'eau, le sous-sol formé de ces éléments est per-

méable ; l'argile et les tufs rocheux constituent les sols imperméables.

Un sous-sol perméable convient essentiellement au sol dont la couche arable est argileuse, l'eau surabondante s'en écoule plus facilement. Mais, pour que cette circonstance d'un sous-sol perméable soit avantageuse, il est nécessaire que la couche arable argileuse ait une certaine profondeur ; si elle était très-superficielle, l'eau descendrait sans profit à une grande profondeur à travers le sous-sol perméable ; les récoltes présenteraient une belle apparence au printemps, mais elles déclineraient à mesure qu'on s'avancerait vers l'été et seraient même exposées à périr par de grandes sécheresses. Dans un sol dont la couche arable est sablonneuse ou calcaire, il importe d'avoir un sous-sol argileux qui retienne l'eau et empêche la surface de se dessécher trop rapidement. Ces bons effets, cependant, ne sont produits qu'autant que la couche arable descend à une certaine profondeur ; si elle était très-superficielle, le sous-sol argileux n'aurait d'autre résultat que de faire refluer à la surface l'eau qu'il aurait retenue, l'engrais resterait inactif dans le milieu noyé, et les plantes en éprouveraient de graves préjudices.

Le sous-sol de nature calcaire est une circonstance également avantageuse pour les terres sablonneuses et argileuses : ramené à leur surface et mélangé complétement avec elles, il les améliore notablement en donnant plus d'adhérence aux premières et en rendant les secondes moins compactes et moins froides.

En résumé, il existe une connexion intime entre le sol et le sous-sol et la fertilité du premier dépend essentiellement de la nature du second.

Plus la couche arable a d'épaisseur, moins la réaction du sous-sol se fait sentir; plus la couche arable est superficielle, plus cette réaction est prononcée.

Les défauts inhérents à la surface du sol sont plus faciles à combattre que ceux résultant du sous-sol; ces derniers ne disparaissent souvent qu'à force de temps et d'argent; la connaissance du sous-sol exige donc de la part du cultivateur l'examen le plus sérieux s'il ne veut s'exposer à commettre des fautes ruineuses dans le mélange du sous-sol avec la couche arable, mélange d'ailleurs très-profitable quand il est fait judicieusement.

7. CAUSES D'AUGMENTATION OU DE DIMINUTION DANS LA VALEUR DU SOL.

a. Coloration du sol.

La couleur du sol exerce une influence réelle sur sa faculté de s'échauffer sous l'action du soleil. Plus la couleur du sol est foncée, plus le terrain s'échauffe facilement; il est d'autant plus froid, que sa coloration est moins intense. Cette loi s'applique également aux terres qui retiennent fortement l'eau et se dessèchent difficilement : tant qu'elles sont humides, il existe entre elles et les terres sèches une différence de 7 à 8°, due, en partie, à l'abaissement de température produit par l'évaporation.

Dans les terres faiblement colorées, la végétation, toutes choses d'ailleurs égales, est plus retardée que dans les sols fortement colorés : la vigne y produit un vin moins chargé d'alcool.

b. Faculté d'échauffement du sol.

La faculté d'échauffement du terrain varie selon que le sol est plus ou moins bon conducteur du calorique. Sous ce rapport, le sable l'emporte sur l'argile ; aussi un changement subit de température éprouve-t-il davantage les récoltes confiées aux terrains sablonneux que celles venues dans un terrain argileux ; les gelées blanches, par exemple, nuisent plus aux semailles dans les terrains sablonneux que dans les sols argileux. Il est bon d'observer cependant que le degré de fertilité du sol atténue, en partie, cet inconvénient. Le terrain bien travaillé et en bon état d'engrais a un degré de chaleur plus élevé que le terrain pauvre et mal cultivé : les façons aratoires et les fumures réchauffent, mécaniquement, le sol en le rendant plus meuble et plus sec, chimiquement, par la chaleur que développe dans son sein la décomposition des substances minérales et végétales; ces considérations ne sont pas sans importance pour les labours d'automne et de printemps.

c. Forme de la surface.

La forme de la surface et l'exposition, le climat et les circonstances environnantes peuvent encore modifier les qualités du sol, augmenter ou diminuer sa valeur.

La surface du terrain est *plane* lorsque l'eau n'y trouve pas d'écoulement naturel; dans le cas contraire, on le dit *en pente*.

Le terrain à surface plane ne se débarrasse de l'eau de pluie que par l'absorption ou l'évaporation; le sol en pente s'en décharge, en outre, par l'écoulement. Le premier s'échauffe moins par les rayons du soleil que le second; toutes choses d'ailleurs égales, les récoltes sont donc plus tardives dans les terrains en plaine que dans les terrains en pente.

Les terres légères en plaine ont plus de valeur que celles qui sont en pente; les terres fortes, au contraire, s'arrangent mieux d'une surface inclinée.

d. Exposition du sol.

L'exposition du terrain vers tel ou tel des points cardinaux n'est pas indifférente. Plus le sol est argileux, plus il réclame l'exposition au midi; pour un sol sablonneux ou calcaire, l'exposition au nord est préférable.

Les terrains exposés au nord conservent plus longtemps l'humidité, ils se réchauffent et se ressuient moins vite que les terrains exposés au midi. Les engrais s'y décomposent plus lentement; les plantes y entrent plus tard en végétation, elles y souffrent davantage des vents froids et de la gelée; leurs produits, manquant de chaleur et de lumière, y sont aussi moins parfaits. Les qualités contraires s'observent dans les terrains exposés au midi; ils s'échauffent plus vite et à un plus haut degré; ils jouissent d'une lumière plus directe et plus vive; la végétation s'y réveille plus tôt; les produits agricoles y acquièrent plus de perfection.

Les terrains exposés au levant s'échauffent dès le matin, aussi passent-ils brusquement du froid de la nuit à l'impression d'un soleil ardent et la végétation y souffre-t-elle davantage des gelées tardives au printemps. Les terrains exposés au couchant gardent plus longtemps la rosée; en revanche, le soleil y darde longtemps ses rayons dans l'après-midi.

Une pente trop forte ne convient à aucun terrain; les pluies abondantes ravinent les pentes rapides et en entraînent la terre végétale, les labours et le charroi des engrais y rencontrent de grandes difficultés · ces sortes de terrains ne sont jamais mieux utilisés qu'en prés arrosés ou en bois. Une pente modérée, inclinant au sud-est, est préférable, dans la plupart des cas, à un niveau parfait du sol : les plaines, qui présentent de nombreuses inégalités dans leur surface, sont difficiles à assainir ; quand elles se creusent en cuvettes, l'absorption et l'évaporation sont les seules ressources dont on dispose pour épuiser l'eau surabondante.

e. Climat.

On comprend sous le nom de *climat*, la température propre à une contrée, le degré et la durée de la chaleur et du froid qui y règnent aux diverses saisons de l'année, les vents principaux qui y soufflent, la quantité de pluie qui y tombe et sa distribution entre les saisons, les orages, la grêle, la neige, etc., auxquels il est sujet. Dans l'appréciation du climat il est surtout important de reconnaître le degré de température et le degré d'humidité : tous deux sont déterminés par l'exposition, la situation, les vents, le sol et le sous-sol.

Le climat varie principalement suivant la latitude du lieu et d'après son élévation au-dessus du niveau de la mer. Plus un pays est élevé au-dessus du niveau de la mer, plus sa température est froide, d'où suit que la chaleur est toujours beaucoup plus grande dans les plaines et surtout dans les vallées que sur les montagnes.

Toutes conditions égales, l'activité de la végétation est en raison directe de la chaleur de la contrée; le degré plus ou moins élevé de la chaleur du climat détermine donc le choix des plantes à cultiver, le temps des semailles, les procédés de culture et l'époque de la récolte.

Il tombe plus de pluie dans les pays de montagnes que dans les pays de plaines ; les premiers conviennent mieux aux pâturages et aux forêts, les seconds sont préférables pour la culture des céréales et pour toutes les récoltes qui exigent le travail de la charrue.

Le climat est d'autant plus favorable à la végétation, que l'époque des grandes pluies coïncide plus exactement avec le développement herbacé des plantes et qu'elles sont plus rares au temps de la maturation des récoltes.

Dans un climat sec, des rosées fréquentes et abondantes suppléent à l'absence de pluie ; les récoltes profitent d'autant mieux du bienfait des rosées, que le terrain est tenu constamment plus meuble à sa surface.

Dans un climat humide, certaines récoltes et notamment les céréales, appauvrissent moins le sol que dans un climat sec ; mais, à part cet avantage, le cultivateur se trouve rarement bien d'un climat humide, surtout avec un sol argileux : préparation des terres, semailles, façons d'entretien et récoltes deviennent et plus difficiles et plus coûteuses dans cette dernière condition.

Un climat sec et chaud convient particulièrement aux terrains argileux ; le climat humide est préférable pour les sols sablonneux et calcaires.

Le terrain fort se trouve bien de l'action du vent qui aide puissamment à le ressuyer au printemps ; dans les terrains légers, au contraire, des abris ménagés à l'aide de haies ou de plantations d'arbres sont très-avantageux en empêchant les vents de bouleverser la surface du sol et de lui enlever son humidité.

Le voisinage de marais, de cours d'eau, de la mer, de forêts ou de montagnes contribue singulièrement à modifier le climat.

Les brouillards, qui s'élèvent des marais, non-seulement refroidissent l'atmosphère et exposent les récoltes du voisinage aux gelées d'automne et de printemps, mais ils causent encore des maladies aux plantes et diminuent la qualité et la quantité de leurs produits : ces effets fâcheux peuvent être détruits ou du moins atténués par le dessèchement et la mise en culture des terrains marécageux et des étangs.

Les contrées traversées par de grands cours d'eau sont plus exposées que d'autres à des pluies fréquentes, aux rosées et aux brouillards. Elles peuvent, en outre, être sujettes à des débordements d'autant plus redoutables, que les crues sont plus fortes, plus subites et que le fleuve est plus rapide.

Le voisinage de la mer a pour résultat de rendre la température plus égale ; les vents, passant à sa surface, se chargent d'humidité et perdent ainsi une partie de leur âpreté : on sait que les îles jouissent d'un climat plus tempéré que les continents.

Les contrées couvertes de forêts sont en général plus humides que les pays peu boisés : toutes conditions égales, les variations brusques de température y sont plus sensibles, elles sont très-froides en hiver; la suppression des forêts, en tout ou en partie, suffit souvent pour adoucir notablement le climat, mais elle fait souvent disparaître les sources.

Les hautes montagnes chargées de neige pendant une partie de l'année, refroidissent les contrées sous-jacentes et leur font sentir les mauvais effets des gelées précoces et tardives. D'un **autre** côté, les montagnes d'une élévation moyenne contribuent à maintenir la chaleur du pays en l'abritant des vents froids.

Enfin, il est des contrées plus exposées que d'autres aux orages. Tantôt ceux-ci suivent le cours des rivières, tantôt ils se forment sur les coteaux ou les montagnes et fondent, de là, sur les plaines; d'autres fois ils se divisent à leur point de départ et se portent sur certaines localités, sans qu'on puisse assigner de cause véritable à cette malheureuse préférence. Les pluies d'orage sont généralement regardées comme favorables à la végétation, mais elles ont l'inconvénient de battre le terrain et de le raviner quand il est en pente.

De ces divers aperçus il résulte que la connaissance du climat se lie d'une manière étroite à
l'étude du terrain. Le sol, en définitive, a d'autant plus de valeur, que le climat sous lequel il
est situé convient mieux à la culture des plantes
agricoles. Chaque plante a un sol et un climat qui
lui sont propres, c'est-à-dire où elle végète naturellement avec le plus de succès au profit du
cultivateur ; négliger cette considération, c'est
s'exposer à adopter un faux système d'exploitation, à choisir par exemple, pour un terrain
sec, des plantes qui conviennent surtout à un terrain ou à un climat humide ; c'est, par rapport
au bétail, risquer de se tromper sur la race d'animaux ou le mode de spéculation d'après lesquels
il convient d'opérer ; c'est, en un mot, s'écarter
de la voie naturelle et se jeter dans des hasards
toujours dangereux, car ils aboutissent, la plupart du temps, à un déficit ruineux.

CHAPITRE II.

PRÉPARATION DU SOL.

1. DÉFRICHEMENT. — 2. ÉPIERREMENT. — 3. ASSAINISSEMENT.

Le sol, dans son état de nature, n'est pas toujours apte à recevoir, de prime abord, les diverses opérations d'une culture régulière ; bien des obstacles peuvent s'y opposer. Quelquefois il s'y trouve des arbres ou des buissons ; d'autres fois il est encombré de roches ou de pierres ; tantôt il souffre du séjour des eaux à sa surface, tantôt, enfin, la couche arable et le sous-sol recèlent une humidité surabondante ; il faut nécessairement l'en débarrasser pour le rendre propre à la production des végétaux utiles : c'est le but qu'on se propose par le défrichement, l'épierrement et l'assainissement du sol.

1. DÉFRICHEMENT.

Le défrichement du sol, c'est-à-dire la conversion en terrain productif d'une terre inculte ou ne donnant que des résultats insuffisants, est une des opérations les plus délicates de l'agriculture ; elle exige, avant tout, un tact sûr pour apprécier les chances favorables du défrichement, elle réclame aussi un capital suffisant pour mener l'entreprise à bonne fin. Trop souvent on est disposé à se laisser séduire par l'illusion de bénéfices chimériques, surtout lorsqu'il s'agit d'un sol pauvre, lequel rembourse rarement les frais du défrichement; on détruit alors, dans l'espoir de revenus plus considérables, ce qu'il eût été sage de conserver comme étant d'un revenu médiocre, mais en définitive certain et proportionné à la nature du sol.

Dans la pratique ordinaire, le défrichement s'applique aux bois ou forêts qu'on veut transformer en terres arables, aux terrains couverts de bruyères, aux vieilles friches ainsi qu'aux sols tourbeux.

Le défrichement d'un bois, toute considération commerciale laissée de côté, n'est avantageux qu'autant que le bois repose sur un terrain susceptible de produire immédiatement, sans frais extraordinaires, des céréales et des fourrages.

Les arbres enlevés, il importe de faire extraire avec soin les racines capables de gêner la marche des instruments aratoires; on procède ensuite au nivellement du sol, puis on y introduit la charrue ; plusieurs labours sont ordinairement nécessaires avant qu'on puisse l'emblaver.

Le sol qui est resté longtemps en forêts est, en général, assez riche des débris végétaux qui s'y sont amassés pour se passer d'engrais pendant les premières années du défrichement ; mais ce serait une faute grave d'en tirer des récoltes jusqu'à l'épuisement complet de sa richesse séculaire ; il convient de le fumer avant qu'il soit réduit à cette extrémité qu'un bon cultivateur doit toujours éviter.

Dans la plupart des cas, l'application du chaulage, aussitôt après le défrichement, est fort avantageuse, soit pour neutraliser le principe acide qui se rencontre ordinairement dans le sol forestier, soit pour rendre plus rapidement assimilable aux plantes l'humus qui s'y trouve déposé.

L'avoine, le seigle, le sarrasin, le colza, la navette, les pommes de terre et le trèfle incarnat sont les plantes qui réussissent le mieux sur un défrichement immédiat.

Les vieilles friches, les vieilles prairies que la mousse et les herbes grossières ont envahies, les terrains couverts de bruyères ne peuvent être convertis économiquement en terres arables qu'après avoir subi certaines opérations. La charrue seule ne suffit pas toujours, en effet, pour les amener à un ameublissement convenable, pour opérer une prompte décomposition des fibres végétales et détruire le principe acide qui frappe ces terrains d'improduction ; leur défrichement n'est profitable qu'autant qu'il a été précédé du brûlis. On choisit la saison la plus chaude de l'année pour mettre le feu aux bruyères : le champ doit être ensuite égoutté et traité par une jachère

complète; le chaulage et surtout l'application de
la chaux caustique aux terrains de bruyères récemment défrichés leur donnent rapidement une
valeur agricole; malheureusement le carbonate
de chaux est rarement à la disposition du cultivateur dans les contrées où les terrains de bruyère
couvrent de vastes espaces : le brûlis, dans ce cas,
supplée au chaulage, mais il est loin de le remplacer quant à ses effets durables.

Le brûlis peut encore être employé avec avantage pour les vieilles friches et les vieux herbages
qu'on veut rompre, mais il est préférable de
recourir au procédé plus énergique de l'écobuage;
c'est aussi le meilleur moyen qu'on puisse adopter
pour convertir en terre labourable les sols tourbeux et les marais desséchés contenant beaucoup
de débris végétaux entrelacés.

Mettre en culture, avant de les avoir écobués,
ces sortes de terrains qui se couvrent ordinairement d'une herbe épaisse et grossière, c'est s'exposer à voir les anciennes plantes reparaître et
étouffer les nouvelles récoltes; l'écobuage, judicieusement employé, détruit les mauvaises herbes
particulières aux terrains humides et leur sub-
stitue une herbe de bonne qualité quand on les
remet en prairie, véritable destination des sols
tourbeux et marécageux susceptibles d'irrigation.

L'écobuage, appliqué au défrichement, consiste à écroûter la surface du sol pour la soumettre à une combustion lente dans des fourneaux

construits avec des mottes de gazon préalablement séchées. Pour écroûter le terrain on peut se servir d'une charrue ou de l'instrument spécial appelé *écobue*. On pèle la surface du sol par bandes dont l'épaisseur est déterminée par celle de la couche gazonnée; lorsque les bandes sont bien sèches, on les divise avec une bêche et on en fait, de distance en distance, sur le terrain des tas arrondis de 1^m,50 de hauteur sur 1^m,60 de largeur, ainsi que le pratiquent les charbonniers. Le côté gazonné est placé à l'intérieur du tas; on ménage un peu de vide en dedans de ce dernier pour y introduire des matières inflammables telles que de la paille, des bruyères, du menu bois. Quand tous les tas sont prêts, si le temps est beau, on y met le feu en ayant soin de laisser peu d'air s'introduire dans les tas, afin que la combustion s'opère lentement; lorsque tout est consumé, on répand les cendres à la surface du champ et on les enterre le plus tôt possible par un labour léger. L'écobuage a pour effet de purger le sol des insectes et des plantes nuisibles qu'il contient, et de mettre en valeur une masse considérable d'engrais, jusqu'alors à l'état inerte; mais ces bons résultats ne sont obtenus qu'autant qu'on agit sur un sol consistant et riche en débris végétaux. En dehors de ces deux conditions capitales, le défrichement par écobuage est plutôt nuisible qu'utile; une ou deux premières récoltes abondantes seraient infailliblement suivies de produits très-médiocres qu'il serait impossible de relever, dans un sol léger, sans des fumures répétées ; le défaut de cohésion se serait, en outre, considérablememt accru par l'écobuage mal appliqué.

2. ÉPIERREMENT.

Le mode d'épierrement d'un champ se règle d'après le volume des pierres et d'après leur caractère de pierres roulantes ou fixes.

Si la présence de quelques graviers ou une certaine quantité de cailloux mêlés à la couche arable, peut, dans certains cas, communiquer au sol tantôt plus de chaleur, tantôt plus de fraîcheur et lui être ainsi favorable, il est hors de doute qu'un trop grand nombre de pierres roulantes, cédant à l'action de la charrue et de la herse, devient nuisible en frappant d'improduction une partie de la couche végétale, en usant rapidement les instruments et en forçant les faucheurs à laisser les chaumes très-longs ; il faut en débarrasser le champ : cette opération peut s'exécuter sans de grands frais, si le pays offre la ressource d'une population nombreuse et active.

L'épierrement s'effectue avec avantage, de préférence dans la morte saison et à l'aide de femmes ou d'enfants guidés par un chef d'atelier. Les pierres extraites du champ ne sont pas sans valeur, elles peuvent être utilisées, suivant leur nature, pour la confection des routes ou employées à former des fossés couverts, des murs de clôture, etc. Si les pierres, gisant à la surface du sol, étaient trop grosses pour en être détournées sans dépenses excessives, on devrait s'en débarrasser en minant le terrain autour d'elles, de manière à les enfoncer assez avant dans le sol pour que la charrue ne puisse les atteindre. Les grosses pierres fixées dans le sol, assez près de la surface du champ pour gêner l'action des instruments aratoires, peuvent être attaquées avec la poudre, mais ce moyen n'est pas exempt de dangers, il exige beaucoup de précautions ou mieux encore le concours d'hommes habitués à se servir de pétards.

Dans les pays de montagnes, le sol est souvent encombré de roches jetées à travers des espaces plus ou moins considérables de terres cultivables. L'extraction complète de ces roches serait une opération ruineuse à laquelle il ne faut pas même songer ; on dépenserait en main-d'œuvre beaucoup plus que la valeur foncière du terrain. Le parti le plus économique à tirer d'un tel sol, est de laisser intactes les roches qu'on ne peut enlever facilement et de se borner à cultiver les intervalles qui permettent l'emploi fructueux des instruments aratoires. Lorsque les roches sont tellement multipliées que la surface du champ en est, en quelque sorte, hérissée, ce champ ne peut plus être exploité qu'à bras d'homme ; la plupart du temps,

il conviendra de l'ensemencer en essences forestières ou d'y planter de la vigne, des noyers, des
mûriers, etc., si le sol, le climat et l'exposition
permettent ces cultures arborescentes.

3. ASSAINISSEMENT.

Les arbres, les buissons, les friches, les pierres
sont des difficultés contre lesquelles le cultivateur
a souvent à lutter au début de sa carrière et dont
il triomphe sans trop de frais, dans la plupart des
cas, lorsque ses opérations sont conduites avec
habileté et prudence; mais de tous les obstacles,
le plus redoutable et le plus difficile à surmonter
est sans contredit l'excès d'humidité du sol. Tel
est l'importance de l'assainissement du terrain
que, tant qu'on ne l'a pas obtenu, toute tenta-
tive d'amélioration aboutit presque à une dépense
stérile; cette opération réclame donc toute l'attention du cultivateur. On le conçoit sans peine.

L'humidité permanente du sol, quelle qu'en
soit la cause, a pour conséquence de neutraliser les
bons effets du chaulage et du marnage ; elle paralyse l'action des engrais; elle empêche les semences de lever ou, du moins, nuit à leur germination ;
dans un sol constamment humide les récoltes sont
d'autant plus compromises que les saisons sont plus
pluvieuses ; leur maturité souvent s'effectue mal
et éprouve un retard considérable ; leur quantité
est diminuée et leur qualité dépréciée ; les façons

aratoires et les travaux de la moisson s'exécutent
rarement à propos et dans de bonnes conditions;
le sol en éprouve un dommage considérable ; les
mauvaises herbes y pullulent et peuvent être difficilement détruites; grains, racines, fourrages,
produits de toute nature sont gravement exposés
dans une exploitation dont les terres pèchent
par une humidité surabondante; il n'est pire
position pour le cultivateur : il y expose sa santé,
s'y épuise en efforts stériles et il finirait par y
consommer sa ruine, s'il ne cherchait à s'y soustraire le plus tôt possible.

La première règle à observer quand on veut
assainir un terrain est de s'assurer de l'origine de
l'humidité. Celle-ci peut provenir de deux causes
principales : des eaux sous-jacentes ou des eaux
de la surface ; le mode d'assainissement varie
suivant l'une ou l'autre cause.

Les eaux sous-jacentes résultent de sources ou
d'infiltrations. On sait que les sources sont formées
par l'eau des pluies ou par la fonte des neiges.
L'eau, traversant des couches poreuses, pénètre
dans le sol et s'y enfonce jusqu'à ce qu'elle soit
arrêtée par une couche imperméable, roche ou
argile; elle s'accumule alors en plus ou moins
grande quantité dans cette espèce de réservoir naturel, et pressée par l'épaisseur des couches supé-
rieures du sol, elle s'échappe de son lit pour venir
sourdre à la surface sous forme de sources plus
ou moins considérables. Dans ce cas, il faut aller

saisir les sources à leur point de départ en pénétrant jusqu'à elles à l'aide de fossés ; une fois maître des sources, on les réunit dans une ou plusieurs tranchées, et on les écoule par un fossé de
décharge.

Les infiltrations peuvent avoir pour cause la
stagnation de l'eau dans les fossés qui entourent
le champ ou le voisinage d'un cours d'eau supérieur. Dans le premier cas, il faut donner plus
d'écoulement à l'eau en augmentant la profondeur ou la pente des fossés ; dans le second cas,
il n'y a d'autre parti à prendre que de s'endiguer
ou d'exhausser le sol par des transports de terre
ou mieux par le colmatage si l'on dispose d'un
cours d'eau limoneux.

Les eaux de la surface qui apportent une humidité surabondante dans le sol sont occasionnées
le plus souvent par le débordement de ruisseaux
ou de rivières, ou par les eaux de pluies abondantes tombant sur un sol très-argileux et ne
s'évaporant que lentement.

On débarrasse les terrains inondés en ouvrant
une issue à l'eau au moyen de larges fossés creusés
dans le sens de la pente du terrain : ces fossés
doivent rester constamment ouverts si les débordements sont fréquents.

Les débordements, en se répandant dans les
plaines, y forment parfois des marais ou des fla-
ques d'eau plus ou moins considérables lorsqu'elles se rassemblent dans des bassins déter-

minés par les inégalités du terrain et son imperméabilité.

Ces cuvettes, isolées au milieu des champs, sont
souvent très-difficiles à dessécher lorsque le terrain présente peu de pente. Il faut sonder le sol
pour étudier la nature et la profondeur de la couche imperméable qui retient l'eau. Si elle avait
peu d'épaisseur et si elle reposait sur un banc de
sable que l'eau n'a pas atteint, il suffirait de per-
cer, à l'aide d'une tarière, la couche imperméable
qui retient l'eau, celle-ci irait bientôt se perdre
dans la couche sablonneuse, et le terrain se trouverait complétement assaini, grâce à ces *boitout* ou
puisards artificiels.

Mais il peut arriver que le sous-sol perméable
se trouve à une trop grande profondeur pour
qu'on y parvienne économiquement ; il faut alors
se résigner à conserver des mares perdues dans les
champs : on peut en tirer parti en s'en servant
comme de points de décharge où l'on fera aboutir
les rigoles d'écoulement tirées à travers les pièces :
on plante les bords de ces mares de peupliers,
d'aunes, de saules ou de tous autres arbres qui
se plaisent au voisinage des eaux et contribuent
à atténuer leurs mauvais effets et à amener peu à
peu leur absorption.

Dans les terres de consistance moyenne, il est
rare que les eaux pluviales séjournent longtemps
à la surface si le terrain n'est pas absolument plat ;
de simples rigoles d'écoulement tirées avec la

charrue ou le buttoir, dans le sens de la pente du terrain, suffisent ordinairement pour faire écouler l'eau surabondante. L'établissement de rigoles, bon dans toute espèce de terrain sujet à l'humidité, devient une nécessité indispensable dans les sols argileux. Il faut les ouvrir aussitôt que la semaille est terminée; il faut surtout avoir soin de les tenir constamment nettes, afin que l'eau y circule librement; le cultivateur devra donc les visiter souvent, principalement après la fonte des neiges ou les grandes pluies. Des rigoles d'écoulement bien faites et bien entretenues peuvent suffire pour tenir le terrain bien égoutté; elles rendent la culture du sol plus facile et plus économique; elles permettent d'employer moins de semence; donnent plus d'énergie aux engrais et font que les récoltes sont moins casuelles.

Les terrains très-argileux que des pluies continues ont rendus inabordables, peuvent être assainis sans trop de difficultés lorsqu'ils ne recèlent pas de sources et qu'ils présentent une pente suffisante; à cet effet, on leur applique avec avantage le chaulage et le brûlis du terrain, opération qui consiste à diviser la croûte du sol par mottes pour la soumettre à une combustion analogue à celle de l'écobuage. Souvent il suffit de labours profonds, aidés de saignées superficielles, pour chasser complétement l'humidité surabondante; malheureusement ces moyens puissants sont négligés par la plupart des cultivateurs.

Mais si l'excès d'humidité a pour cause non-seulement la ténacité de l'argile, mais encore la présence de sources ou de filtrations dans le sol, les moyens précédents ne suffisent plus, il faut nécessairement leur substituer un moyen plus énergique, l'établissement de fossés couverts à travers le champ.

Le nombre et la largeur des fossés couverts sont déterminés par la quantité d'eau qu'ils doivent évacuer. Leur profondeur se règle par celle même des eaux qu'il s'agit de détourner; dans tous les cas, elle doit être assez considérable pour que les instruments aratoires ne viennent pas déranger les matériaux avec lesquels les fossés ont été construits.

Les fossés doivent avoir une pente suffisante pour que l'eau puisse s'écouler rapidement; on en remplit le fond avec des pierres, en ayant soin de placer les pierres les plus plates et les plus larges dans le bas; on en dispose d'autres en biais contre le talus du fossé : celles-ci sont recouvertes de pierres plates destinées à préserver le canal qui sert de passage à l'eau. D'autres fois, on se

contente de remplir le fond du fossé de pierrailles à travers lesquelles l'eau s'échappe comme à travers

un filtre; d'autres fois encore, quand on n'a pas
de pierres à sa disposition, on emploie des fascines
de bois vert, particulièrement des branchages
d'aune, de saule pour garnir le fond des fossés.

Quels que soient les matériaux employés, le
point important est d'assurer le libre écoulement
de l'eau pendant un nombre d'années suffisant
pour indemniser d'une dépense souvent très-coûteuse. Malheureusement les fossés couverts les
mieux faits finissent toujours par s'engorger et
l'on se voit ainsi obligé de recommencer des travaux fort dispendieux.

C'est pour obvier à cet inconvénient qu'on a
remplacé depuis quelque temps l'emploi des pierres et des fascines par des tuyaux en terre posés

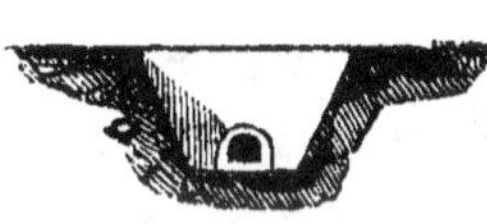

bout à bout, s'emboîtant les
uns dans les autres et présentant un canal continu dans lequel l'eau trouve un passage
facile. Les fossés couverts, munis de ces tuyaux
en terre cuite, ont une durée pour ainsi dire illimitée quand le travail a été bien exécuté : la confection et la pose des tuyaux, le creusement des
fossés destinés à les recevoir, leur largeur, leur
profondeur et leur direction constituent l'art du
draîneur, art nouveau, d'une utilité incontestable
et destiné à remplacer un jour les méthodes im-
parfaites usitées jusqu'ici.

CHAPITRE III.

AMENDEMENT DU SOL.

1. MARNAGE. — 2. CHAULAGE. — 3. TRANSPORTS DE TERRE. — 4. COLMATAGE. — 5. IRRIGATION.

Ce n'est que par exception qu'on rencontre un sol réunissant les conditions les plus parfaites de culture, c'est-à-dire ni trop fort, ni trop léger, où les plantes ne souffrent pas des alternatives de sécheresse et d'humidité et où elles puisent tous les éléments de nutrition propres à assurer leur réussite. Dans l'ordre ordinaire des choses, les sols les meilleurs laissent toujours quelque chose à désirer. Tout ce qui tend à corriger les défauts naturels du sol, tout ce qui contribue à rétablir l'équilibre entre les divers mélanges de terres qui le composent, de manière à augmenter la consistance et la fraîcheur des terres légères, à diminuer la ténacité et l'humidité des terres fortes, peut être considéré comme un amendement : son but est de modifier les propriétés physiques du sol dans l'intérêt de la culture.

Les principaux moyens d'amender le sol consistent dans le marnage, le chaulage, les transports de terre, le colmatage et l'irrigation.

1. MARNAGE.

Le marnage est une opération par laquelle on se propose de modifier la constitution du sol en y introduisant ou en augmentant l'élément calcaire.

Pour l'appliquer avec fruit, il faut s'assurer préalablement que le terrain ne contient pas déjà du carbonate de chaux en proportion suffisante; il faut, en outre, connaître la qualité de la marne qui doit être appropriée à la nature du terrain.

La marne est un composé naturel de carbonate de chaux, d'argile et de sable unis entre eux d'une manière intime et non susceptible d'être reproduit par le mélange artificiel de ces différentes espèces de terres.

C'est au carbonate de chaux que sont dus principalement les effets de la marne dans l'amendement des terres; indépendamment de son action mécanique qui a pour effet de diviser les sols compactes quand il est à l'état sableux et de donner de la consistance aux terres légères lorsqu'il est réduit en poudre, le carbonate de chaux agit chimiquement sur les engrais et l'humus contenus dans le sol, il les élabore et les dispose à être assimilés par les plantes.

L'aspect de la marne est très-variable. Elle se présente tantôt sous la forme d'une masse compacte, tantôt sous celle d'une masse feuilletée. On trouve des marnes à grains fins, d'autres ressemblent à une pâte grossière ; il en est de tendres et friables, d'autres offrent la consistance de pierres ; on en voit tantôt d'une couleur uniforme, tantôt d'une couleur variée ; enfin, on rencontre des marnes blanches, grises, vertes, bleues, noirâtres, etc., peu importe leur couleur, pourvu qu'elles présentent les caractères de la marne et qu'elles possèdent les qualités qu'on leur demande.

Toute marne se reconnaît à ce double caractère : 1° de se déliter à l'air ou dans l'eau : dans le premier cas, elle tombe en poussière ; dans le second cas, elle se réduit en bouillie ; 2° de faire effervescence, c'est-à-dire de bouillonner quand on verse dessus de l'eau-forte du commerce (acide chlorhydrique) : cette dernière substance, mise en contact avec la marne, dissout le carbonate de chaux et laisse intacts le sable et l'argile ; à l'aide de lavages répétés, on s'assure de la proportion de ces deux espèces de terres.

La première chose à faire, quand on veut rechercher si une terre est réellement de la marne, est d'en faire sécher un morceau à la température de l'eau bouillante jusqu'à ce qu'il ne perde plus de poids[1]. Ce point de dessiccation obtenu, on en pèse 10 grammes, ce qui fait 100 décigrammes.

On place cette marne avec trois ou quatre cuil-

---

[1] Guéranger.

lerées d'eau dans un verre à boire ordinaire. Quelques espèces de marne absorbent rapidement l'eau et tombent en bouillie au fond du vase, d'autres ne produisent cet effet que lentement et successivement jusqu'à ce qu'elles se réduisent en poudre fine ; telles sont notamment les marnes ayant la consistance de pierres. On verse alors dessus un filet d'acide chlorhydrique. Il se produit aussitôt un bouillonnement considérable ; cette effervescence apaisée, on agite doucement le mélange avec une petite baguette en bois, et si le bouillonnement se renouvelle, on attend un moment avant de verser un nouveau filet d'acide ; cet acide fait recommencer l'effervescence ; quand elle est calmée, on agite encore avec la petite baguette. On continue ainsi les effusions d'acide et les agitations jusqu'à ce que la dernière addition ne produise plus aucun effet.

L'opération arrivée à ce point, on remplit le verre avec de l'eau, on agite doucement et dans tous les sens avec la petite baguette, puis on laisse reposer. Le sable et l'argile tombent au fond du verre, tandis que le carbonate de chaux qui était dans la marne reste dissous dans l'eau. Lorsque cette solution est devenue *parfaitement limpide*, on la décante avec précaution pour ne laisser échapper aucune partie du dépôt. La liqueur ainsi décantée, est remplacée par de nouvelle eau ; on agite alors légèrement, on laisse déposer, et *quand la limpidité est complétement rétablie*, on décante de nouveau. Ce lavage se répète encore une ou deux fois.

Après la dernière décantation, le dépôt est recueilli avec le plus grand soin sur une soucoupe en porcelaine et desséché sur des cendres chaudes jusqu'à ce qu'il soit à l'état pulvérulent. On achève ensuite cette dessiccation au bain-marie bouillant et on en prend le poids. Si ce poids représente 30 décigrammes, on en conclut qu'il y avait dans la marne 70 décigrammes de carbonate de chaux, puisqu'il y a eu en expérience 100 décigrammes.

La partie laissée intacte par l'acide est ou du sable ou de l'argile ou quelquefois un mélange de l'un et de l'autre. Dans ce dernier cas, on sépare le sable de l'argile en délayant ce résidu dans l'eau, en agitant ce mélange et décantant le liquide pendant qu'il est encore trouble : le sable se précipite au fond du vase, tandis que l'argile, restant en suspension dans le liquide, ne se dépose qu'après la décantation. On peut donc, par ce moyen, les recueillir séparément l'un et l'autre et les dessécher pour en prendre les proportions. Cette dernière opération est presque aussi utile que la première quand la quantité de carbonate de chaux est faible, parce que tel terrain recevra avec avantage une marne où l'argile domine, tandis que tel autre sera mieux amendé par celle qui renferme un excès de sable.

Toute substance susceptible de se dilater à l'air

ou dans l'eau et de faire effervescence avec un acide doit donc être considérée comme de la marne.

Les proportions suivant lesquelles l'argile, le sable et le carbonate de chaux sont réunis varient beaucoup. Ces diverses proportions constituent les différentes qualités de marnes.

Quelquefois l'argile et le carbonate de chaux se trouvent en proportions égales dans la marne, d'autres fois l'un ou l'autre prédomine. Quand l'argile l'emporte au point de surpasser des deux tiers la quantité de carbonate de chaux, cette combinaison prend le nom de *marne argileuse*. Au contraire, si c'est le carbonate de chaux qui domine dans la marne, on l'appelle *marne calcaire*; lorsqu'elle contient moins de 20 pour 100 de carbonate de chaux, on ne la considère plus que comme une *argile marneuse*. Cette distinction dans la composition de la marne est de la plus grande importance pour l'amendement d'un terrain. S'agit-il, en effet, de corriger les défauts d'un sol argileux, de le rendre plus perméable et moins humide, l'emploi de la marne calcaire sera nécessaire pour diviser, ameublir, réchauffer et assainir ce sol tenace et froid ; au contraire, si l'on veut amender une terre légère, diminuer sa trop grande porosité et tempérer sa chaleur en lui donnant plus de consistance et de fraîcheur, il faudra recourir à la marne argileuse. La connaissance exacte de la nature du terrain sur lequel on veut agir est ici de la plus haute importance.

Il faut s'assurer, par les moyens indiqués ci-dessus pour reconnaître la marne, si le terrain contient déjà du carbonate de chaux et en quelles proportions. Dans la plupart des cas, dit M. de Dombasle, il suffit de délayer un peu de la terre du champ dans une petite quantité d'eau et dans un verre; on y versera de l'eau-forte et s'il ne se produit pas d'effervescence, on peut être sûr qu'elle ne contient pas de carbonate de chaux ou, du moins, qu'il n'en existe qu'en très-petite quantité : on peut alors marner avec grande probabilité d'un bon résultat; sans cet examen préalable, on s'exposerait à augmenter les défauts du sol, au lieu d'y porter remède par le marnage.

La marne judicieusement appliquée produit des effets surprenants sur le sol.

Il est impossible de déterminer d'une manière absolue, pour tous les sols, la quantité de marne qu'il convient d'employer sur une certaine étendue de terrain; la dose la plus profitable varie suivant la nature du sol et son état de fertilité et d'après la qualité de la marne ainsi que la durée pendant laquelle on veut que cet amendement opère. Cependant on s'accorde généralement à regarder la proportion de 3 à 5 pour 100 de carbonate de chaux dans le sol comme la dose la plus utile, si l'on a surtout en vue l'action mécanique de la marne sur le terrain. Plus la marne est calcaire, moins la dose doit être forte; les terres sablonneuses doivent recevoir une forte proportion de marne argileuse ou, à son défaut, d'argile marneuse : ce surcroît de dépense est largement compensé par les bons effets d'une amélioration définitive.

Le temps le plus favorable pour appliquer la marne serait certainement la saison de l'été, alors que le terrain est sec et que les charrois peuvent s'effectuer sans dégrader le sol ; mais il est rare que les travaux pressants de cette époque permettent de mener encore de front l'opération du marnage ; aussi, dans les habitudes ordinaires de la culture, réserve-t-on le plus souvent la fin de l'automne et profite-t-on des gelées de l'hiver pour conduire la marne sur les champs. C'est ordinairement sur une jachère qu'on l'applique. On la dépose sur le sol par petits tas de même volume et à égale distance les uns des autres.

La marne, exposée à l'air, ne tarde pas à se déliter et à tomber en poudre sous l'influence des agents atmosphériques ; sa pulvérisation est un point essentiel à obtenir pour qu'elle produise tous ses effets. Tant qu'elle reste agglomérée en morceaux, il faut différer de l'enfouir, car elle resterait longtemps dans le sol à l'état de rognons et agirait peu sous cette forme ; au printemps donc, si l'hiver ne l'a pas complétement pulvérisée, on a recours au rouleau pour compléter l'action des gelées et l'amener à une division parfaite. Cet état obtenu, on étend les tas de marne à la surface du sol, au moyen d'une pelle et on se sert d'une herse pour en répartir également le contenu sur tout le champ. Cela fait, on donne un labour léger pour incorporer la marne avec le sol; l'extirpateur et le scarificateur peuvent être employés avec avantage pour opérer économiquement ce mélange.

De ce que la marne agit chimiquement sur l'humus et les engrais en les mettant dans les conditions les plus favorables pour servir d'aliment aux plantes, il suit que les principes fertilisants contenus dans un sol marné sont absorbés plus vite et en plus grande quantité par les végétaux. Le marnage procure un accroissement de produits au profit du cultivateur, mais cette augmentation de récoltes a pour résultat d'appauvrir d'autant le terrain; elle aurait infailliblement pour conséquence de l'épuiser entièrement, si on ne lui rendait, par des fumures, la fertilité que la végétation lui a enlevée. Il faut donc, en même temps qu'on marne le sol, lui donner les engrais dont il a besoin; la marne, loin de dispenser de cette obligation, la rend plus impérieuse; en la négligeant, on s'exposerait à avoir de belles récoltes pendant les deux ou trois premières années après le marnage, mais ensuite le terrain deviendrait de plus en plus stérile.

La marne, judicieusement appliquée, produit des effets surprenants sur le sol; elle le transforme complétement. C'est ainsi qu'on voit souvent des terres à seigle changées, grâce au marnage, en terres à froment. Les terres argileuses marnées, devenues ainsi plus perméables, moins humides et moins froides, donnent des récoltes plus abondantes, plus assurées et de meilleure qualité. Par le marnage, la paille des céréales est plus forte, partant, moins sujette à verser; le grain est mieux nourri et donne une plus forte proportion de farine. Les défrichements de bruyères, les dessèchements de marais, éprouvent les meilleurs effets de l'application du marnage; le carbonate de chaux hâte la décomposition des matières ligneuses et des racines contenues dans cette nature de sols; il les désacidifie, leur donne plus de consistance, leur communique l'équilibre mécanique qui leur manquait, et met à la disposition des plantes une alimentation abondante et parfaitement élaborée.

L'énumération de ces avantages suffit pour mettre en évidence l'importance du marnage; mais pour jouir réellement de ses bienfaits, il faut : 1° connaître la nature du sol sur lequel on veut opérer; 2° s'assurer de la qualité de marne applicable au terrain et la lui donner en juste proportion; 3° l'appliquer en temps opportun et l'incorporer avec soin dans le sol; 4° enfin, il faut fumer concurremment avec le marnage, et cela d'autant plus rigoureusement que le sol était plus pauvre au moment de l'opération : ces conditions observées, les résultats du marnage ne se feront pas attendre; au bout de peu d'années, le sol se trouvera renouvelé, et on n'aura plus qu'à entretenir sa fertilité au moyen d'engrais, de bonnes cultures et d'un choix de récoltes appropriées.

2. CHAULAGE.

Le chaulage est une opération analogue au marnage; on s'y propose les mêmes effets, savoir, de diminuer la ténacité des sols argileux, de rendre les terres légères plus consistantes et d'élaborer les engrais, de manière qu'ils puissent servir de nourriture aux plantes. Le chaulage a donc, ainsi que le marnage, une action mécanique et chimique; il n'en diffère que par une plus grande intensité d'effet.

On donne le nom de chaux aux pierres calcaires qu'un certain degré de chaleur a privées de l'acide carbonique qu'elles contenaient.

Parmi les différentes espèces de chaux dont on peut faire usage en agriculture, on distingue principalement la chaux grasse et la chaux maigre : la première forme, avec l'eau, une pâte liante; à mesure égale, elle contient plus de matière active; la seconde, presque toujours mélangée de sable, forme une pâte grenue peu ductile.

Les différentes pierres à chaux présentant souvent un mélange de sable et d'argile qui diminue d'autant l'efficacité du chaulage, il importe, avant d'en faire usage, de s'assurer de la quantité de chaux pure contenue dans celle qu'on a à sa disposition, afin de ne pas augmenter les frais d'une opération que rendent toujours coûteuse le combustible et les transports.

Pour connaître la quantité de chaux pure que renferme une pierre calcaire, on verse de l'acide chlorhydrique très-étendu d'eau dans un verre, et l'on y plonge la pierre calcaire en expérimentation ; l'acide dissout la chaux et laisse intactes les matières étrangères ; il suffit alors de laver et de dessécher ces matières, ainsi qu'on le fait en analysant de la marne : leur poids, comparé au poids primitif de la pierre calcaire, indiquera le degré d'impureté de la chaux et déterminera la proportion suivant laquelle on devra employer cette dernière substance.

La chaux sert elle-même à l'alimentation des plantes, mais son principal rôle est d'attaquer avec une grande énergie l'humus et les engrais contenus dans le sol. Il est donc indispensable de rendre à la terre, par des fumures, les matières organiques que la chaux fait rapidement passer dans les récoltes, sous peine de voir bientôt le sol complétement épuisé et frappé de stérilité. La chaux, ainsi que la marne, ne peut être considérée comme un engrais propre à rétablir les forces d'un terrain ; c'est un moyen d'amender le sol et de mettre en activité ses richesses inertes, mais il exige impérieusement le concours du fumier, lorsque le terrain ne possède pas une surabondance de principes fertilisants.

Indépendamment de ces conditions de richesse, il faut encore, pour que le chaulage produise de bons effets, que le sol ait été préalablement assaini. La chaux contribue, il est vrai, à en faire disparaître l'humidité surabondante, mais tant que celle-ci persiste, les résultats du chaulage sont à peine sensibles; la chaux ne dispense pas des opérations du desséchement, elle complète l'assainissement du sol, elle ne le fait pas.

La chaux s'emploie, en agriculture, sous deux états, vive ou éteinte. La chaux vive ou caustique a la propriété de décomposer rapidement toutes les matières organiques avec lesquelles elle est en contact. On ne peut donc l'employer en cet état sur les récoltes en végétation, sous peine de les détruire, ou tout au moins de leur causer un dommage notable; en revanche, on applique avec avantage la chaux caustique aux sols acides ou qui contiennent une grande abondance de matières végétales, tels que les marais ou les tourbières récemment desséchés.

La chaux éteinte exige moins de précautions que la chaux vive, aussi son usage est-il plus fréquent en agriculture. On calcine les pierres à chaux dans des fours construits exprès et chauffés avec de la houille, de la tourbe, du bois ou des fagotées d'ajoncs, suivant l'économie que présentent localement ces divers combustibles. En général, on dépose la chaux vive par petits tas de même volume et à égale distance sur le sol; on garnit chaque tas d'une couche de terre et on les laisse en cet état jusqu'à ce que la chaux soit complétement éteinte. Cette opération doit être faite par un beau temps, afin que la pluie ne réduise pas la chaux en bouillie, ce qui empêcherait de la répartir également. Exposée à l'action de l'air, la chaux se gonfle, se crevasse en tous sens et se réduit en poudre; on se hâte alors de l'épandre avec une pelle et on l'incorpore au sol à l'aide d'un labour superficiel, ou mieux en se servant de l'extirpateur ou du scarificateur : ses bons effets dépendent de son mélange parfait avec la couche arable, condition qui ne peut être remplie qu'autant que la chaux est enfouie sèche et sous une forme pulvérulente. Si l'on avait de l'eau à sa disposition, on pourrait éteindre la chaux en l'y plongeant à l'aide de mannes ou de paniers d'osier : il suffit de quelques secondes d'immersion; la chaux s'éteint rapidement par ce moyen; il permet de l'épandre aussitôt après son transport sur le sol, mais il occasionne plus de main-d'œuvre.

La quantité de chaux à employer par hectare varie selon la qualité de la pierre à chaux et la nature du sol. On peut en mettre une pleine dose, par exemple, de 150 à 200 hectolitres sur des terres argileuses, des tourbières ou des marais desséchés; dans les sols légers, il faut prendre garde d'en mettre une trop grande quantité; il vaut mieux ménager la dose et y revenir de temps en temps : 60 ou 70 hectolitres de chaux par hectare con stituent un bon chaulage lorsqu'on doit y revenir tous les cinq ou six ans et qu'on peut fumer deux fois le terrain pendant cet intervalle de temps.

Le chaulage, bien appliqué, a pour résultat de porter à son plus haut degré de perfection le sol qui n'a pas assez de calcaire dans sa composition; il communique, en outre, aux récoltes tous les avantages qui résultent de la présence du calcaire dans le sol; il contribue puissamment aussi à la destruction des mauvaises herbes.

3. TRANSPORTS DE TERRE.

Les transports de terre ont été souvent recommandés comme un excellent moyen d'augmenter la profondeur de la couche arable et de corriger ses défauts; c'est ainsi qu'on a conseillé d'amender les terrains argileux avec du sable et de porter de l'argile sur les terres légères. On se sert avec avantage, pour ces opérations, de l'instrument

connu sous les noms de *galère* ou *ravale*. Mal-

heureusement, ces procédés sont rarement pra-
ticables : d'une part, à cause de la dépense excessive qu'entraîne le transport de grandes masses
terreuses, de l'autre, à cause de la difficulté d'o-
pérer le mélange parfait du sable avec l'argile, et
vice versa. Dans la plupart des cas, les bienfaits
de l'opération seraient détruits par les sacrifices
au prix desquels on les aurait achetés. Un moyen
plus économique s'offre au cultivateur pour amender le sol qui a besoin d'être exhaussé, c'est le
limonage ou colmatage.

4. COLMATAGE.

Le colmatage a pour but d'amener des eaux
chargées de limon sur le sol qu'on veut *atterrir;*
on les y laisse séjourner jusqu'à ce qu'elles aient
déposé leur sédiment; on évacue alors l'eau claire
et on la remplace par de nouvelles prises d'eau
trouble. Cette opération ne peut naturellement
s'effectuer qu'autant qu'on dispose d'un cours
d'eau limoneux. Trois conditions principales sont
à observer avant de recourir au colmatage; il
faut s'assurer : 1° de la nature du limon charrié
par le cours d'eau; 2° de la quantité de matières
terreuses qu'il peut fournir, chaque année, aux différentes crues, afin que l'opération s'accomplisse
dans un temps raisonnable; 3° il faut que, par son
niveau, l'eau arrive sur le sol qu'il s'agit d'atterrir
et qu'on puisse l'y maintenir à une hauteur suffi-

sante : des eaux trop claires, trop peu chargées de matières terreuses, ou n'arrivant que par des crues accidentelles ne permettraient pas d'entreprendre utilement le colmatage.

Lorsque les conditions requises pour limoner sont trouvées, on procède de la manière suivante : on entoure le terrain de digues dont la hauteur doit dépasser l'exhaussement qu'on veut donner au sol. Si le terrain est en pente ou très-étendu, on établit des digues transversales qui le divisent en autant d'enclos communiquant entre eux : le dépôt se fait ainsi plus régulièrement et plus vite que si l'on agissait sur un fonds très-inégal ou sur une grande surface battue par les vents. A la partie la plus basse du terrain à colmater, on ménage, dans la digue, une ou plusieurs ouvertures communiquant avec le canal chargé d'évacuer les eaux claires. On les tient fermées par des poutrelles placées horizontalement l'une sur l'autre, tant que les eaux limoneuses séjournent dans l'enclos ; lorsque le dépôt est effectué, on enlève successivement chaque poutrelle, l'eau s'écoule ainsi par la surface, sans déranger le sédiment.

Pour que le colmatage s'effectue convenablement, il est de toute nécessité qu'on soit le maître d'introduire l'eau et de la faire écouler à volonté ; le canal qui communique au cours d'eau doit être muni, à son entrée, d'une écluse à l'aide de laquelle on prend l'eau ; les poutrelles dont il vient d'être parlé tiennent lieu de l'écluse de décharge ; dès que l'eau claire est évacuée, on ouvre l'écluse d'entrée, on reçoit de nouvelles eaux troubles dont le sédiment s'ajoute aux premiers dépôts, on écoule de nouveau l'eau épuisée de son limon et l'on continue d'opérer de la même manière jusqu'à ce que le terrain soit suffisamment exhaussé pour être à l'abri des infiltrations de la rivière et puisse être livré utilement à la culture : lorsque le colmatage a été bien conduit, on se trouve avoir créé, à peu de frais, un sol nouveau qui jouit souvent d'une grande fertilité. Une grande partie de la vallée de l'Isère a été conquise, par ce moyen, sur les eaux.

5. IRRIGATION.

L'irrigation a pour but de remédier à la sécheresse du terrain, de fournir aux plantes l'humidité dont elles ont besoin pour prospérer et de leur apporter, dans certains cas, les substances destinées à leur nutrition.

L'irrigation ne doit être entreprise qu'autant qu'on dispose d'un cours d'eau et que le sol a été préalablement nivelé de manière à former un plan incliné, partant du canal principal d'arrosage et aboutissant au canal de décharge; il faut, en outre, s'assurer de la nature du sol sur lequel on veut agir, ainsi que de la quantité et de la qualité des eaux dont on a la libre disposition.

L'examen du sol à irriguer réclame une attention particulière. Bien que l'irrigation profite à tous les terrains, elle convient d'une manière spéciale aux sols sablonneux et graveleux, surtout quand on peut la donner avec des eaux limoneuses : celles-ci, indépendamment de l'engrais dont elles enrichissent cette espèce de terrain, corrigent leur trop grande porosité avec le sédiment qu'elles déposent dans ses interstices. L'irrigation est le meilleur amendement qu'on puisse appliquer aux terres légères ; on les élève, par ce moyen, au rang des sols les meilleurs lorsque l'opération est bien conduite. Les bons effets de l'irrigation se font aussi sentir sur les terrains de consistance moyenne ; il n'est pas jusqu'aux sols argileux qui ne s'en trouvent bien, mais à la condition que l'eau s'infiltrera dans une couche suffisamment perméable et que le terrain pourra se ressuyer promptement.

Toutes les eaux ne sont pas également propres à l'irrigation. Il en est qui frappent le sol de stérilité ou qui n'y font croître que de mauvaises plantes ; telles sont, entre autres, les eaux qui tiennent en suspension des principes nuisibles à la végétation et les eaux crues et peu aérées. En général, toute eau qui dissout mal le savon ou qui a un goût astringent doit être tenue pour suspecte ; il y aurait plus d'inconvénients que d'avantages à l'employer si on ne corrigeait ses défauts en y mêlant du carbonate de chaux ou en lui faisant traverser des dépôts de fumier. D'autres eaux, au contraire, sont éminemment propres à l'irrigation ; de ce nombre, sont les eaux battues et celles qui contiennent du carbonate de chaux, des sels de soude, de potasse, ou qui se sont chargées, sur leur passage, de substances animales ou végétales : ces dernières constituent un véritable engrais.

La quantité d'eau qu'on pourra employer à l'irrigation n'est pas indifférente. Là où l'eau est insuffisante, l'irrigation perd la plupart de ses avantages ; mais, ne fût-il question que de savoir si les frais de construction des canaux seront ou ne seront pas couverts par les produits de la surface arrosée, le calcul de la quantité d'eau dont on dispose devient indispensable pour ne pas s'exposer à des dépenses stériles.

Le volume du cours d'eau, sa rapidité, la faculté absorbante du sol et la nature du climat sont les principaux éléments qui peuvent servir à apprécier la quantité d'eau dont on veut arroser une surface déterminée. Ici, l'expérience et le coup d'œil que donne une pratique éprouvée sont les meilleurs guides à suivre ; la prudence veut donc qu'on recoure, pour ces sortes d'évaluations, à des irrigateurs consommés si l'on ne possède pas soi-même les connaissances spéciales suffisantes. On sait, du reste, que, sous un climat chaud, 1 hectare exige environ 1 décimètre de hauteur d'eau sur toute sa surface ou 1000 mètres pour chaque arrosage ; selon que le sol est plus poreux ou le climat plus sec, on revient plus souvent à l'irrigation ; le laps de temps qui sépare chaque **arrosage** varie, en outre, suivant que les circonstances atmosphériques facilitent ou contrarient l'évaporation.

Les principes ci-dessus, relatifs au sol et à l'eau, observés, il s'agit de choisir le système d'irrigation qui convient le mieux.

Toute la théorie de l'irrigation consiste à amener l'eau par un canal sur la partie la plus élevée du sol, à la faire déverser sur le terrain à l'aide de barrages et à l'évacuer par un canal de décharge après que le sol a été suffisamment arrosé.

L'irrigation peut avoir lieu de deux manières : *par immersion*, en répandant l'eau à la surface du sol ; *par infiltration*, en sillonnant le terrain de rigoles, dans lesquelles on introduit l'eau et on l'y retient jusqu'à ce que l'intervalle qui sépare les rigoles soit imbibé : dans ce cas, l'eau agit souterrainement et non pas à la surface du sol. L'arrosage par immersion peut se présenter sous plusieurs formes : la plus simple consiste à faire courir l'eau, d'un seul trait, du canal principal sur le terrain jusqu'au canal d'écoulement ; mais

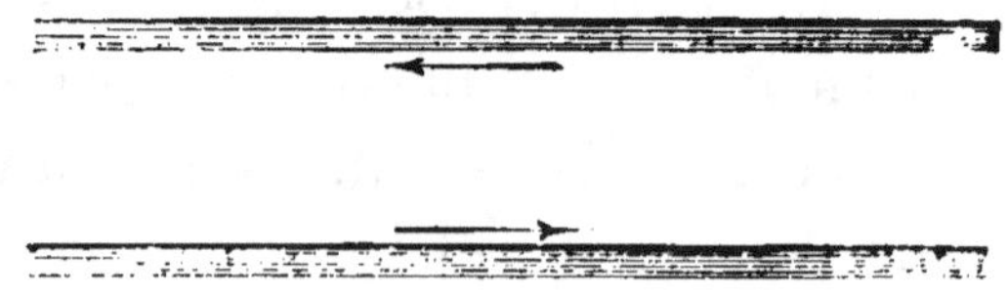

on ne peut arroser ainsi qu'un espace fort restreint.

Sur les terrains en pente on emploie, en général, l'irrigation par *reprise d'eau*. Dans ce système, l'eau partant du canal principal arrose une certaine étendue de terrain; elle est reprise ou recueillie dans un canal parallèle d'où elle déborde et se répand sur un second espace de terre pour être reprise dans un autre canal et ainsi de suite, jusqu'à ce qu'elle aboutisse au canal d'écoulement. Mais ce système est vicieux en ce que l'eau ne parvient dans les canaux secondaires qu'après s'être épuisée, par degrés, de ses principes fertilisants : pour être reprise avec profit, elle devrait séjourner pendant quelque temps dans les canaux et s'y charger de nouveaux éléments de fertilité; cet inconvénient disparaît lorsque l'immersion par reprise d'eau est disposée de la manière suivante :

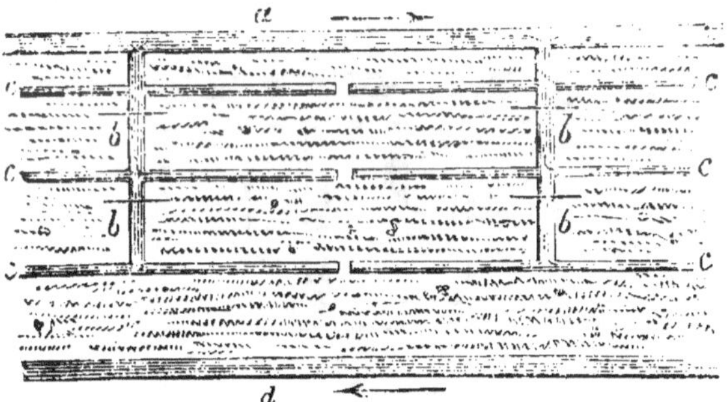

Soit *a* le canal principal; l'eau qui en provient s'écoule dans les canaux de distribution *b*, et se rend de là dans les rigoles d'irrigation *c*. Les rigoles d'irrigation doivent être tirées au niveau et établies parallèlement au canal principal, de manière à se remplir simultanément : l'eau, en se déversant par-dessus leurs bords, arrose tout l'espace de terrain compris entre les rigoles d'irrigation; elle aboutit enfin au canal d'écoulement *d* qui l'évacue au dehors. Ce système exige des écluses et des barrages; mais aussi on peut toujours irriguer, de première main, chaque division du terrain.

Lorsque la pente du terrain est trop faible pour qu'on puisse le soumettre à l'irrigation sans changer sa configuration, il faut lui donner une pente artificielle. A cet effet, on dispose le sol en planches bombées de 10 à 12 mètres de largeur, on établit au milieu un ados en terre ou en gazon et on y ouvre la rigole d'irrigation.

La figure suivante donne une idée de ce mode d'irrigation désigné sous le nom d'irrigation par *dosses* ou *billons*.

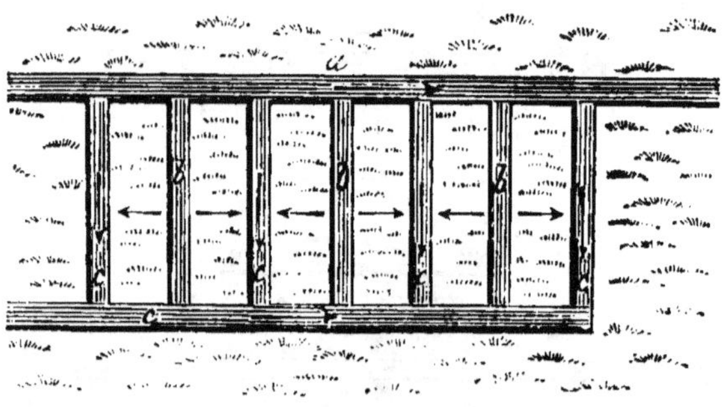

Soit *a* le canal principal;

b les rigoles d'irrigation;

c les canaux d'écoulement.

L'eau reçue dans la rigole d'irrigation qui règne sur le sommet de la planche déborde de chaque côté de cette planche bombée et se décharge dans les canaux d'écoulement qui séparent chaque planche; le plan d'élévation suivant représente le terrain divisé en planches bombées avec les rigoles d'irrigation.

Dans l'irrigation par infiltration, le terrain est divisé en planches qui se rattachent toutes au canal principal d'irrigation; leur largeur est déterminée par la perméabilité du sol; plus le terrain est léger, plus les planches peuvent avoir de largeur : chaque planche est bordée d'une rigole peu profonde tracée avec la houe à main. Pour arroser, on ouvre le barrage qui retient l'eau dans le canal, l'eau s'écoule par la rigole jusqu'à l'extrémité de la planche et comme la rigole est fermée à son extrémité, l'eau pénètre nécessairement par infiltration à droite et à gauche dans le sol : on continue ainsi jusqu'à ce que tout le terrain ait été mis successivement en contact avec l'eau.

L'irrigation par infiltration est très-usitée dans le midi de la France pour la culture maraîchère, on la regarde comme préférable à l'irrigation par immersion pour les produits du jardinage; elle est également d'une application fort utile aux terrains tourbeux et aux marais spongieux desséchés. On sait qu'après leur dessèchement ces sols souffrent beaucoup de la sécheresse en été; pour les rafraîchir, on fait refluer l'eau des fossés ou des canaux jusqu'à 40 centimètres de la surface du sol en fermant les canaux de décharge. On maintient l'eau dans cet état jusqu'à ce que le terrain soit suffisamment imbibé; lorsque la végétation s'est ranimée, on ferme l'entrée du canal principal d'arrosement et on ouvre les canaux de décharge afin que le sol se ressuie promptement, condition essentielle dans toute espèce d'arrosage.

Tant que l'eau domine le niveau du sol qu'on veut arroser, il suffit de recourir aux canaux

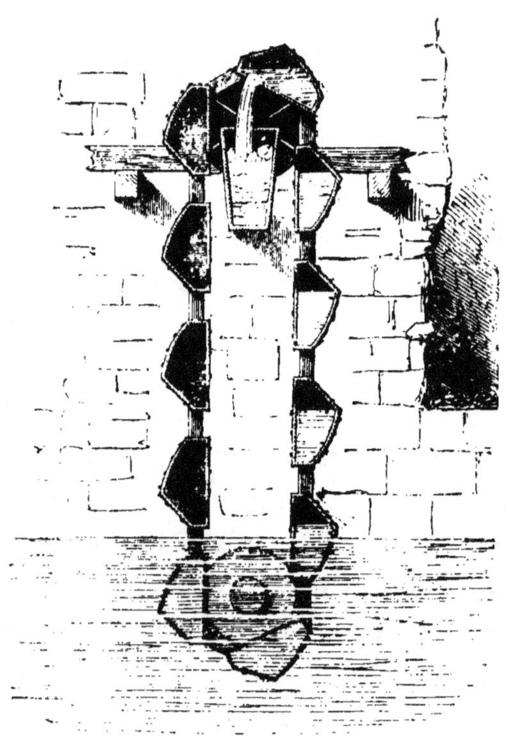

pour en faire profiter le terrain. Mais si le niveau

de l'eau est inférieur à celui du sol, il faut nécessairement commencer par s'élever à ce niveau; on y parvient à l'aide de machines. Telles sont, entre autres, les *roues à godets* ou *norias*, qui, tantôt utilisent la force même du courant pour monter l'eau à une certaine hauteur, tantôt (et c'est le cas le plus ordinaire), sont mises en mouvement par des manéges. L'eau, amenée par les norias, est généralement conduite par des chéneaux dans des canaux; elle se rend, de là, par des ouvertures, dans les rigoles d'irrigation d'où elle se déverse sur le sol.

La valeur de l'eau montée par les norias dépend de la profondeur du réservoir où elles puisent; cette valeur est d'autant plus faible, qu'il faut aller chercher l'eau moins bas.

L'emploi des norias mues par un manége est toujours fort dispendieux si on le compare à l'irrigation s'effectuant par le moyen de canaux ordinaires; les norias ne permettent d'arroser que de petites surfaces, comme celles des jardins maraîchers; elles sont rarement applicables à la grande culture. Les meilleures norias sont celles dont les engrenages sont en fonte, elles donnent huit fois plus d'eau, dans le même laps de temps et à la même profondeur, que les roues en bois.

CHAPITRE IV.

DES ENGRAIS.

1. ENGRAIS VÉGÉTAUX. — 2. ENGRAIS PUREMENT ANIMAUX. — 3. ENGRAIS MIXTES OU COMPOSÉS. — 4. ENGRAIS MINÉRAUX.

Quelles que soient la nature du sol et l'harmonie de ses parties constituantes, il ne donne des récoltes profitables qu'autant qu'il renferme une quantité suffisante d'humus. Toutes les substances animales et végétales sont aptes à former de l'humus; mais, pour qu'elles puissent servir à la nourriture des plantes, il faut qu'elles aient été décomposées; il faut que, sous l'influence de l'air, de la chaleur et de l'humidité, la putréfaction ait désagrégé leurs tissus et dégagé les substances minérales renfermées dans leur organisme; ce n'est qu'après avoir passé par ces diverses modifications qu'elles sont transformées en engrais.

Sous le nom d'*engrais* on comprend toute substance propre à fertiliser le sol, à réparer les pertes que la production végétale lui a fait éprouver: rien ne remplace leur action.

Les engrais dont s'occupe plus particulièrement le cultivateur, peuvent être rangés dans quatre grandes divisions : les engrais végétaux, les engrais purement animaux, les engrais mixtes ou composés et les engrais minéraux.

1. ENGRAIS VÉGÉTAUX.

Cette catégorie renferme les engrais qui proviennent exclusivement des plantes, tels sont, entre autres, les engrais verts, les tourteaux.

a. Engrais verts.

Ils sont fondés sur ce principe que toute plante restituée à la terre avant d'avoir porté graine, augmente sa fertilité, parce que, indépendamment des éléments de nutrition qu'elle puise dans le sol, elle en emprunte encore à l'atmosphère et en forme une base de richesse pour le terrain quand on l'y enfouit.

Les engrais verts produisent de bons effets dans les terrains sablonneux et crayeux ; on s'en sert également avec avantage pour fumer de temps en temps les pièces éloignées ou d'un accès difficile ; à défaut de ressource plus énergique, au début d'une exploitation, ils offrent le moyen de donner la première impulsion à un terrain appauvri et négligé ; toutefois il ne faut pas perdre de vue, que les plantes destinées à servir d'engrais vert végètent faiblement dans les sols maigres ou épuisés, de sorte que les engrais verts, en définitive, semblent plus propres à maintenir le sol dans son état de fertilité déjà acquise, qu'à lui en créer une; mais ils ne sont réellement profitables que lorsqu'on les alterne avec des fumiers d'étable; dans aucun cas, on ne doit les considérer comme tenant lieu de fumier; ils ne sauraient constituer un système exclusif de fumure ni suffire à entretenir d'une manière continue, les forces végétatives du terrain : ce rôle n'appartient qu'au fumier, les engrais verts ne sont que ses humbles auxiliaires.

On se procure des engrais verts en semant certaines plantes dont le développement est très-rapide pour les enfouir à l'époque de leur floraison.

Les plantes destinées à servir de fumures vertes doivent jouir des propriétés suivantes : 1° elles doivent être appropriées au climat, à la nature du sol, et être peu exigeantes sous le rapport de la fertilité; 2° leur fumure doit être peu coûteuse; 3° elles doivent acquérir leur plus grand développement dans un laps de temps très-court, afin que le cultivateur puisse les semer après une première récolte et, qu'après leur enfouissement, il ait encore le temps de préparer le sol; 4° elles doivent avoir une végétation assez vigoureuse pour couvrir complétement le sol et empêcher ainsi les mauvaises herbes de prendre le dessus; 5° enfin, elles doivent se décomposer promptement après leur enfouissement.

Les plantes le plus généralement employées comme engrais verts sont, pour un climat humide :

le sarrasin, la navette, le colza, le trèfle; pour un climat sec et chaud, le lupin; cette plante, ainsi que le sarrasin, réussit particulièrement dans le terrain sablonneux; le colza et la navette conviennent mieux aux terrains plus consistants. Les pois, les vesces, les fèves y réussiraient aussi et formeraient de très-bons engrais verts; mais leur semence est trop coûteuse pour l'employer à cette destination. Le genêt, dans les terrains légers et pauvres, ne saurait être trop recommandé comme plante propre à enfouir en vert. C'est encore dans la catégorie des engrais verts qu'il faut placer les algues marines recueillies avec tant de soin sur certains points de la France par les habitants du littoral. On les enfouit quelquefois aussitôt après les avoir récoltées; d'autres fois, on les met par couches avec le fumier; dans certaines localités on les soumet à une incinération partielle : sous ces différents états, elles constituent un engrais fort estimé, qui a le mérite d'être tout à fait exempt de mauvaises herbes.

L'action des engrais verts ne dure qu'un an.

b. Tourteaux.

Les tourteaux, c'est-à-dire le résidu solide des plantes dont on a extrait les sucs, sont d'un usage fréquent dans la culture; ceux qu'on emploie le plus à cette destination sont les tourteaux de lin et de colza; en général, on s'en sert à l'état pulvérulent. Dans les climats secs, on se trouve bien de les humecter avant de les répandre sur le terrain. Tantôt on les applique directement au sol et, dans ce cas, on les enfouit à l'aide de la herse ou du scarificateur ; tantôt on les répand sur les plantes déjà en végétation et alors on ne les enterre pas. Lorsqu'on veut s'en servir à l'état sec pour des semis, il importe de les répandre quinze jours ou trois semaines avant de procéder aux semailles, sans cela, la graine ne lève pas.

On fume avec les tourteaux dans la proportion de 600 à 1000 kilogrammes par hectare ; ils agissent avec plus ou moins d'énergie selon que la température est plus ou moins humide : leur effet ne se prolonge pas au delà d'une année.

2. ENGRAIS PUREMENT ANIMAUX.

Bien qu'on puisse comprendre dans cette catégorie tous les débris des animaux, tels que le sang, les os, la laine, les plumes, la corne, les peaux, etc., dont on peut tirer parti pour augmenter la masse des engrais, il n'est question ici que des engrais purement animaux le plus souvent employés par les cultivateurs, ce sont : la matière fécale, la colombine, le noir animal, le parc et le purin.

a. Matière fécale.

C'est le plus actif de tous les engrais : malheureusement cette matière précieuse n'est point assez appréciée en France et son usage est encore restreint à un petit nombre de localités.

La qualité de la matière fécale dépend de la qualité des aliments dont elle forme le résidu.

On peut l'employer fraîche ou fermentée.

Dans le département du Nord où cet excellent engrais est d'un usage habituel, on dépose la matière fécale dans des fosses murées et on l'y laisse mêlée aux urines pendant un temps plus ou moins long. On l'applique à l'état liquide, soit avant, soit après les semailles ; ordinairement on la répand sous forme de pluie, au moyen d'une poche en bois, sur le plant repiqué ou sur les plantes en végétation.

La matière fécale convient à tous les sols et à toutes les plantes, elle produit tous ses effets sur la récolte de l'année.

On parvient à enlever l'odeur nauséabonde de la matière fécale liquide en la faisant absorber par des matières charbonneuses ou par du plâtre. Sous cette forme, elle prend l'aspect de poudrette ; on la répand alors à la volée.

b. Colombine.

On désigne sous ce nom les déjections des oiseaux de basse-cour. La colombine est un engrais très-énergique, dont il faut user avec précaution ; il se produit rarement en grande quantité dans les exploitations rurales et, la plupart du

temps encore, on en laisse perdre la majeure partie
en ne le recueillant qu'à deux ou trois reprises
dans le cours de l'année. Par suite de cette négligence des larves d'insectes s'introduisent dans la
colombine et en détériorent la qualité : on éviterait cet inconvénient en vidant tous les mois les
poulaillers et les colombiers. A mesure qu'on enlève la colombine, on doit la serrer dans un local
à l'abri de l'humidité jusqu'au moment de l'employer. Elle produit un effet d'autant plus utile
qu'elle est mieux divisée. On la répand, en général, à la volée et sans l'enterrer, sur les semis lan-
guissants ; on peut aussi se contenter de la jeter
sur le sol labouré ; on sème ensuite et l'on enterre
le tout par un coup de herse. Son action ne
s'étend pas au delà d'une année.

A la colombine doit être assimilé l'engrais
connu sous le nom de *guano*; il provient des déjections des oiseaux de mer et se trouve en grandes
masses sur certaines côtes de la mer du Sud. On
en obtient d'excellents effets lorsqu'on l'emploie
avec discernement, mais il est rare de le trouver
exempt de falsifications dans le commerce.

c. Noir animal.

Le noir animal ou noir des raffineries est un
composé de charbon d'os réduits en poudre très-
fine et de sang qui a servi pour la clarification du
sirop. On ne doit l'employer que deux ou trois

mois après sa sortie des raffineries. Il produit de très-bons résultats, particulièrement dans les terrains de landes et sur les sols analogues; l'agriculture en fait une grande consommation en Bretagne; on le sème à la volée sur les plantes déjà levées.

d. Parc des bêtes à laine.

Le parc est une opération qui consiste à renfermer le troupeau dans une enceinte mobile, afin qu'il y dépose ses excréments pendant le temps où il y séjourne.

Le parc offre plusieurs avantages : il économise la litière, il épargne les frais de transport de l'engrais, point important lorsqu'on a des terres éloignées, de mauvais chemins, ou qu'on habite un pays montueux.

Indépendamment de l'effet des déjections qui se fait sentir avec force et rapidité, le parc améliore encore le sol par la chaleur et les vapeurs qui s'échappent du corps des animaux. Il laisse le terrain net de mauvaises herbes; il ranime les semailles languissantes; enfin, le piétinement des animaux opère un tassement fort utile sur les terrains légers.

La bonté du parc dépend de l'état dans lequel se trouve le sol au moment où on le lui applique, de la nature des plantes qui doivent en profiter et aussi de l'espèce plus ou moins forte des bêtes à laine et de leur genre de nourriture.

Pour obtenir du parc de bons effets sur les récoltes, il est indispensable que l'engrais soit réparti aussi également que possible ; on atteint ce résultat en tenant compte de la surface à fumer, de la force et de la durée du parc.

En général, on règle l'étendue du parc à raison d'un mètre carré par bête à laine. Le parc tient lieu d'une bonne fumure quand les animaux ont séjourné toute une nuit au même endroit ; il équivaut simplement à une demi-fumure quand on a changé les bêtes de place une fois pendant la nuit. On ne doit faire parquer les bêtes à laine que pendant la belle saison ; le parc donné par des temps de pluie nuit à la santé des animaux et porte préjudice au sol argileux qui se trouve ainsi pétri et ne peut plus être ameubli qu'au prix de façons dispendieuses.

On renferme généralement les bêtes à laine dans le parc à la nuit tombante. Le lendemain matin, on ne doit les en faire sortir qu'après que la rosée s'est dissipée, car l'herbe sur laquelle les bêtes se jettent alors avec voracité leur causerait, par son humidité, l'accident grave connu sous le nom de *gonflement* ou *météorisation*. Avant de faire sortir les bêtes du parc, il est bon de les mettre en mouvement, afin qu'elles se vident tout à fait.

Il est avantageux de labourer le sol avant d'y mettre le parc et d'enfouir l'engrais le plus tôt possible par un coup d'extirpateur ou de scarificateur; dans les terres légères il y a souvent avantage à parquer sur les semailles mêmes. Le parc est aussi très-utile aux prairies naturelles et artificielles ; on peut le leur appliquer après la dernière coupe. Le parc produit ses principaux effets dans l'année même où on l'a donné.

e. Purin.

Les urines des bestiaux ne sont jamais mieux employées que lorsqu'elles sont mêlées aux matériaux qui ont servi à les recueillir ; il est telles circonstances, cependant, où certaines nourritures aqueuses données au bétail procurent une quantité d'urine plus grande que ne peut en absorber une litière même abondante ; de même, lorsqu'on est à court de litière ou qu'on en manque totalement, il y a utilité et profit alors à recueillir les urines dans un réservoir pour les faire fermenter et les employer ensuite séparément sous le nom de *purin*.

Cet engrais agit avec une extrême rapidité ; il convient aux terres légères et à toutes les récoltes qui demandent à être poussées vigoureusement dans leur végétation. On augmente beaucoup sa qualité en y faisant dissoudre une certaine dose de sulfate de fer.

Le purin a contre lui l'inconvénient de frais de transport considérables, pour peu que les champs soient éloignés ; on l'applique avec le plus grand succès aux prairies. Son action ne dure qu'un an.

3. ENGRAIS MIXTES OU COMPOSÉS.

On appelle *engrais mixtes* ou *composés* le mélange de certaines matières végétales, telles que la paille, les feuilles d'arbres, la bruyère, les roseaux, la fougère, etc., avec les excréments des animaux : ils constituent ce qu'on nomme, dans la pratique, les *fumiers d'étable*.

Cette catégorie d'engrais est, sans contredit, la plus précieuse pour le cultivateur, car quelles que soient les ressources que présentent des matières purement animales ou végétales, et bien que plusieurs d'entre elles renferment un grand principe de fertilité sous un petit volume et conviennent plus spécialement à certaines plantes, le fumier d'étable seul forme pour le cultivateur l'engrais par excellence. D'un côté, par sa nature complexe, il réunit tous les éléments de fertilité ainsi que les substances minérales nécessaires au développement des végétaux ; par sa décomposition lente, il fournit aux plantes les sucs nourriciers au fur et à mesure de leurs besoins ; de l'autre, il apporte une amélioration durable au sol, il le divise et l'ameublit ; enfin, il est le seul engrais que le cultivateur puisse se procurer en assez grande quantité. C'est donc le seul sur lequel on puisse fonder une culture régulière et sur lequel on puisse compter pour maintenir la terre en état de produire avantageusement des récoltes. C'est de l'exploitation même, en général, qu'on doit tirer le fumier d'étable. Parfois, il est vrai, on peut, aux environs des grandes villes, se procurer des engrais du dehors; mais, à part quelques circonstances exceptionnelles, le cultivateur est borné à ses propres ressources. La qualité du fumier dépend surtout de la manière dont on l'a préparé; elle varie aussi, suivant qu'il provient de telle ou telle espèce de fourrages consommés. Le bétail abondamment nourri fournit plus de déjections que le bétail médiocrement nourri. Les animaux bien portants et les bêtes grasses donnent un fumier de meilleure qualité que celui des bêtes maigres et souffrantes. Plus les fourrages sont substantiels, plus les fumiers ont de qualité; le fumier le plus mauvais et le plus cher est celui des bestiaux mal nourris; le fumier le moins cher et le plus profitable est celui qui provient du bétail constamment bien nourri et en bon état de santé.

On distingue plusieurs sortes de fumiers; suivant qu'ils proviennent de tel ou tel bétail, ils jouissent de propriétés différentes.

a. Fumier de cheval.

Le fumier de cheval est le plus actif des fumiers d'étable. Cette propriété est d'autant plus développée que l'animal est nourri plus exclusivement de paille, de foin et d'avoine. Le fumier de cheval, pénétré d'une certaine humidité et mis en contact avec l'air, entre promptement en fermentation ; il s'y développe alors une chaleur tellement forte, que, si on ne l'arrose, il se réduit presque en poussière. Pour être conservé pendant un certain temps, il ne suffit pas de le tenir simplement humide, il faut qu'il soit maintenu mouillé et fortement tassé, de telle sorte que l'air ne puisse le pénétrer ; ce n'est qu'à cette condition qu'on le préserve de la moisissure ou du blanc. On l'applique avec avantage aux terrains argileux.

b. **Fumier de bêtes à cornes.**

Le fumier de bêtes à cornes est plus aqueux que le fumier de cheval ; il entre moins vite en fermentation et est moins actif ; mais ses effets sont plus durables. Indépendamment de cet avantage, il en possède encore d'autres très-importants. En France, dans la plupart des exploitations, il se produit en plus grande abondance que toute autre espèce de fumiers ; il s'amalgame facilement avec toute espèce de litière, et il en supporte une forte dose ; il convient à toutes les terres, particulièrement aux terres sablonneuses et calcaires ; il s'applique au plus grand nombre des récoltes ; il exerce sur elles une action uniforme.

A nourriture égale, les vaches laitières fournissent un fumier de moindre qualité que celui des bœufs de travail ; de même , le fumier des jeunes bêtes est inférieur à celui des bêtes adultes, toutes circonstances d'ailleurs égales.

c. Fumier de bêtes à laine.

Le fumier de bêtes à laine, moins chaud que celui de cheval, mais plus actif que celui des bêtes à cornes, tient en quelque sorte le milieu entre ces deux espèces de fumiers ; il passe pour le meilleur des fumiers d'étable.

Il se mélange difficilement avec la litière. Il convient à tous les terrains, mais surtout aux terrains argileux.

d. Fumier de porc.

Par suite de préjugés qui ne reposent sur aucune observation précise, le fumier de porc passe pour le plus mauvais des fumiers d'étable aux yeux de beaucoup de cultivateurs ; mais lorsque les porcs sont bien nourris et qu'on a soin de recueillir leurs déjections sur une litière abondante, leur fumier est de bonne qualité ; seulement il convient de le laisser fermenter pendant un certain temps avant de le porter sur les terres, parce qu'il contient beaucoup de mauvaises graines non digérées. Son action est plus durable que celle du fumier de cheval et moindre que celle du fumier des bêtes à cornes.

Les fumiers d'étable, bien que possédant chacun des propriétés spéciales dont on peut tirer un parti avantageux pour certains terrains et certaines récoltes particulières, sont rarement employés seuls, à l'exception du fumier des bêtes à laine, quand les bergeries sont vidées à de longs intervalles; il est préférable, dans la plupart des cas, lorsque les circonstances locales le permettent, de mélanger tous les fumiers; on obtient, par ce moyen, un fumier moyen participant des qualités de chacun des fumiers d'origine diverse, et dont l'application est ordinairement la plus profitable.

Si l'état du bétail, l'abondance et la qualité de la nourriture influent sur la bonté de ses déjections, la préparation qu'on fait subir au fumier ne contribue pas peu à lui donner de la qualité. Ce point est tellement capital, qu'à la simple inspection du fumier on peut juger, à coup sûr, si le cultivateur est soigneux et intelligent : une exploitation bien conduite se voit rarement là où le fumier est négligé.

La litière joue un rôle important dans la préparation du fumier. La paille, par sa conformation tubulaire, sa facilité à s'imbiber de la partie liquide des déjections, à se décomposer rapidement et, en outre, par l'excellent lit qu'elle fournit aux animaux, constitue la litière par excellence; c'est celle que le cultivateur, placé dans les conditions ordinaires, se procure en plus grande abondance et à meilleur marché : les feuilles d'arbres, les roseaux, la bruyère, les gazons ne sont que des moyens de la suppléer quand elle vient à manquer.

On sait déjà que, pour la bonne confection du fumier, la litière doit être proportionnée à l'abondance et à la qualité des fourrages. Plus l'alimentation du bétail est aqueuse, plus il faut lui donner de litière. Une litière insuffisante ne permet pas de recueillir toutes les déjections; une litière trop considérable procure une plus grande masse de fumier, mais un fumier de moindre qualité. Il ne faut donc donner ni trop ni trop peu de litière; celle-ci doit recevoir toutes les déjections solides et recueillir le plus possible des déjections liquides, de telle sorte, que tout ce qu'elle ne pourra retenir se rende par un canal au tas de fumier ou dans la fosse à purin.

Plus la litière est broyée, triturée, mieux elle se mêle aux déjections et plus elle absorbe de leurs parties liquides; elle se décompose d'autant plus vite, qu'elle est plus complétement imprégnée des déjections du bétail.

Il faut d'autant plus de litière, que le fumier reste plus longtemps sous les animaux.

Toutes conditions d'ailleurs égales, le fumier le meilleur est celui qui est resté le plus de temps sous le bétail et auquel on a ajouté chaque jour une quantité de litière qui condense les vapeurs du fumier et empêche l'évaporation.

Mais si le fumier acquiert ainsi de la qualité, il s'en faut que la santé des animaux s'en trouve aussi bien que lorsque les étables sont vidées souvent; un séjour prolongé du fumier dans l'étable devient, d'ailleurs, presque impossible par suite de l'énorme quantité de litière qu'exige cette méthode, lorsque le bétail reçoit une alimentation très-aqueuse, comme des racines, des fourrages verts, des résidus de distillerie, etc., voilà pourquoi, dans la pratique, on ne laisse jamais long-temps le fumier sous le bétail; on le transporte ordinairement dans la cour de l'exploitation, sur un emplacement spécial.

Le fumier, avant d'être tiré de l'étable, devrait toujours être arrosé avec de l'eau contenant du sulfate de fer en dissolution, dans la proportion d'un demi-kilogramme, pour un hectolitre d'eau; au moyen de cette aspersion, qui n'entraîne qu'un léger surcroît de main-d'œuvre, on s'oppose instantanément à l'évaporation des principes fertilisants du fumier, et on lui conserve toutes ses qualités.

La plupart des cultivateurs, pour extraire le fumier de l'étable, sont dans l'usage de se servir de crochets à l'aide desquels ils le traînent sur le sol jusqu'au lieu où il doit être déposé en tas. Cette routine vicieuse fait perdre une partie notable des déjections le long du chemin, pour peu que le trajet soit éloigné; les litières imprégnées des déjections des animaux doivent être transportées sur une civière à bras : deux personnes sont nécessaires pour ce travail.

L'emplacement et la disposition du tas de fumier réclament la plus grande attention. « Malheur à l'exploitation, s'écrie Schwertz, où, faute d'espace, le fumier est déposé le long de la rue ou jeté dans quelque coin contre un bâtiment, laissant perdre le liquide qui en suinte! Malheur à la ferme dont toutes les toitures déversent les eaux de pluie sur le fumier et dans laquelle il faut dévier cette eau ou en laisser noyer toute la cour ; la partie la plus précieuse de l'engrais se répand ainsi au dehors! Malheur à la ferme où l'on ne peut prendre de dispositions pour rendre, de temps en temps, au fumier l'eau grasse qui en découle, y maintenir une humidité nécessaire et le préserver de la moisissure ! »

L'emplacement du tas de fumier doit, autant que possible, se trouver à la proximité des étables et des écuries afin d'économiser les frais de transport ; il faut qu'il réunisse, en outre, les conditions suivantes : 1° que le jus du fumier ou purin ne se répande pas au dehors ; 2° qu'il soit recueilli dans un réservoir attenant au tas de fumier, afin que celui-ci puisse en être arrosé de temps en temps ; 3° que les eaux des toits, des rigoles, des ruisseaux, etc., ne puissent venir noyer le fumier ; 4° que l'emplacement soit assez vaste pour ne pas obliger à entasser le fumier à une trop grande hauteur ; 5° qu'il soit d'un facile accès aux voitures pour l'enlèvement du fumier.

La meilleure manière de disposer le tas de fumier consiste à le placer sur un terrain légèrement creusé en pente; on le pave, ou du moins on l'enduit d'une couche d'argile, s'il n'est pas imperméable, et on l'entoure d'une rigole destinée à conduire le liquide qui s'échappe du tas de fumier dans la fosse ou réservoir pratiqué vers l'un de ses côtés, à la partie la plus déclive. Cette fosse est couverte de madriers assez rapprochés pour ne laisser passer que les matières liquides; les eaux du fumier s'y rassemblent; on les en tire à l'aide d'une pompe pour arroser le tas de fumier chaque fois que sa surface se dessèche, ou pour en remplir des tonneaux lorsqu'on veut l'appliquer comme engrais spécial.

La litière imprégnée des déjections du bétail ne doit pas être jetée pêle-mêle sur le tas de fumier, ainsi que cela se voit trop fréquemment; il faut, au contraire, la diviser et l'étendre aussi également que possible à sa surface et la bien tasser afin que la fermentation s'opère simultanément dans toutes ses parties : un dépôt inégal laisse des vides, la moisissure s'y introduit, elle se développe au détriment de la substance du fumier et lui enlève ses qualités les plus précieuses. Les fumiers les mieux faits n'en sont pas à l'abri, quand il s'y produit une forte chaleur. On tempère leur fermentation trop active en ayant soin de maintenir la masse du fumier dans un certain état d'humidité au moyen d'arrosages plus ou moins répétés, suivant que la température est plus ou moins élevée. Lorsque la fermentation se déclare dans le tas de fumier, sa température s'élève, et il se dégage une grande quantité de vapeurs blanches. Avec les vapeurs s'échappent les principes fertilisants qui sont volatils. Des arrosages appliqués judicieusement, l'addition fréquente de litières fraîches, sont un bon moyen de retenir dans le fumier ces principes volatils si précieux; on les y fixe d'une manière encore plus sûre en saupoudrant chaque couche de fumier d'une certaine quantité de plâtre. Là où l'on peut se procurer facilement cette substance, elle devrait toujours entrer dans la préparation des fumiers et leur être mêlée couche par couche : de cette manière, l'engrais ne perdrait aucune de ses qualités. Recommander cette méthode, c'est faire la critique la plus complète du détestable usage qui existe dans un grand nombre de localités en France de brasser et rebrasser le fumier avant de l'appliquer au sol. Ainsi bouleversé, sa décomposition est plus rapide; mais, par suite de ces opérations irréfléchies, une partie de ses principes fertilisants est évaporée; la perte est d'autant plus grande, qu'on a exposé davantage le fumier au contact de l'air.

Le tas de fumier ne doit pas excéder 2 mètres dans sa plus grande hauteur; une élévation plus considérable pourrait développer une trop grande chaleur dans le tas : il serait difficile de modérer la fermentation dans une masse trop épaisse, et sa rapide décomposition ferait évaporer une partie de l'engrais si l'on était forcé de le garder pendant longtemps. Le tas doit perdre de sa profondeur au fur et à mesure qu'on se rapproche de son extrémité : quand il est parvenu à sa hauteur définitive, on le couvre d'une couche de terre dans le but de prévenir l'évaporation des principes volatils : il présente alors un plan incliné auprès duquel les voitures doivent trouver un accès facile.

Si l'on avait toujours à sa disposition des champs préparés, libres de récoltes, auxquels on pût en tout temps appliquer le fumier, nul doute qu'il y aurait plus d'avantage à utiliser, au sortir même des étables, la litière chargée de la déjection du bétail, qu'à conserver le fumier en tas et à ne l'incorporer au sol qu'après qu'il a été en partie décomposé; on éviterait ainsi les déperditions qui réduisent parfois le fumier au tiers de sa masse et dont il est impossible de le garantir tout à fait, même avec les plus grands soins.

Tout concourt à recommander l'emploi, autant que possible, des fumiers frais. Il est vrai, le fumier ne devient un aliment pour les plantes qu'autant qu'il a subi une décomposition préalable; mais, introduit directement dans le sol, au sortir même des étables, il y subit les mêmes changements et se transforme en engrais, exactement de même que lorsqu'on l'amoncelle en tas, seulement sa décomposition est plus lente.

Indépendamment des déperditions qu'il prévient, le fumier employé frais présente certains avantages importants. S'il convient moins aux terres légères que le fumier consommé, s'il agit moins promptement que ce dernier et s'enterre avec plus de peine, en revanche, il réchauffe le sol et le désacidifie; il se laisse mieux diviser et répartir plus également; il provoque avec plus d'énergie la levée des mauvaises graines, qualité qui se changerait en défaut si on l'appliquait directement aux céréales, au lieu de le porter, en cet état, sur les récoltes sarclées, ainsi que le veulent les principes; enfin, par la facilité qu'on a de le transporter directement, de l'étable aux champs, il permet de profiter de tous les moments de loisir et restreint ainsi les temps de presse et de surcharge si fréquents dans les travaux de la culture. Toutes les fois donc que la marche de l'exploitation s'y prêtera, loin de craindre d'employer le fumier frais, on se hâtera de le conduire aux champs dans cet état; la pratique, d'accord ici avec la théorie, confirme pleinement l'utilité d'un semblable procédé. Malheureusement, il n'est pas toujours applicable, aussi la plupart des cultivateurs conservent-ils leurs fumiers en tas pendant un temps plus ou moins long; heureux quand ils ne les enfouissent dans le sol qu'à demi consommés.

Le fumier conduit aux champs y reste quelquefois étendu à la surface sans être enfoui, c'est ce qu'on appelle fumer en *couverture* ; le plus souvent cependant on l'enterre peu de temps après l'avoir transporté.

Lorsque le climat n'est pas excessivement pluvieux, que le terrain n'est pas trop en pente et que le fumier n'est pas assez avancé dans sa décomposition pour répandre une forte odeur d'*alcali volatil*, il n'y a aucun inconvénient à le laisser, même pendant des mois entiers, répandu à la surface du sol ; contrairement à une opinion très-accréditée, il ne perd pas de sa valeur par son exposition prolongée au contact des agents atmosphériques ; il n'éprouve aucune déperdition sensible, quand il a été appliqué frais ou qu'il a été bien préparé et que ses principes volatils ont été fixés par une addition de plâtre : étendu à la surface du sol, ses parties solubles pénètrent dans la couche arable à l'aide de la pluie et profitent aux plantes de même que si on l'avait enfoui par le labour. Les fumiers en couverture sont un excellent moyen d'appliquer l'engrais aux terrains légers qui ne veulent pas être soulevés et de compléter une dose insuffisante de fumier. On les applique ordinairement aux semailles, peu de temps après qu'elles ont été faites, ou bien aux plantes déjà en végétation : les prairies sont presque toujours fumées de cette manière ; on leur donne alors le fumier à l'automne.

La méthode générale d'enterrer le fumier par le labour, peu de temps après l'avoir conduit aux champs, doit être préférée pour les sols argileux et pour les climats secs et chauds.

Quel que soit du reste celui de ces deux procédés qu'on adopte, il est de la plus haute importance de bien diviser le fumier et de le répartir aussi également que possible à la surface du sol. La plupart des cultivateurs ont la mauvaise habitude de laisser longtemps le fumier par petits tas dans les champs avant de le répandre; exposé ainsi aux intempéries de l'atmosphère, il se détériore; une partie de ses sucs s'infiltre dans le sol, au-dessous des tas, et il en résulte une fumure inégale pour le reste de la pièce; les récoltes alors sont exposées à verser sur les points où l'on a accumulé une trop forte dose d'engrais, tandis qu'ailleurs elles sont maigres et chétives.

Le fumier, soit frais, soit consommé, doit toujours être enterré par un labour superficiel.

La quantité de fumier à donner au sol dépend de la nature du terrain, de l'état où il se trouve et des récoltes auxquelles on l'applique. Les terrains argileux supportent une plus forte fumure que les terres légères; on se trouve bien de leur appliquer tout d'un coup une forte dose d'engrais et d'y revenir moins souvent; c'est le contraire pour les terrains légers : il vaut mieux diminuer la force des fumures et y revenir souvent. Plus le sol est appauvri, plus il réclame de fumier. Les sols argi-

leux complétement épuisés, exigent beaucoup de
temps et d'avances en fumier pour être ramenés
à un bon état de fertilité; l'influence des engrais
s'y fait à peine sentir dans les premières années,
quand ils ont été réduits à cette extrémité; en revanche, leur fertilité, une fois acquise, se conserve
longtemps quand on sait l'entretenir par un système judicieux de culture.

4. ENGRAIS MINÉRAUX.

Les engrais minéraux dont l'agriculture fait le
plus souvent usage sont les cendres et le plâtre; la
plupart des auteurs modernes rangent encore
dans cette catégorie la marne et la chaux, comme
éléments servant à la nutrition des plantes ; mais
ces substances, auxquelles la végétation emprunte
réellement une partie de son alimentation, ayant
pour effet principal de modifier les propriétés
physiques du sol, on est autorisé à les envisager
plus spécialement comme amendements et à ne
les faire figurer parmi les engrais, que comme
remplissant un rôle important dans la fabrication
des composts.

a. Cendres.

Les cendres constituent un engrais fort estimé;
les plus employées en agriculture sont les cendres
lessivées et les cendres de tourbe.

Cendres lessivées.

Les cendres lessivées, bien que dépouillées de leurs principes fertilisants les plus actifs, n'en sont pas moins un engrais précieux ; leur qualité dépend de la nature des plantes dont elles proviennent et surtout de l'usage industriel auquel elles ont servi : les cendres de savonnerie sont celles qui ont le plus de valeur.

Les cendres ne produisent tout leur effet que sur les terrains qui se souviennent encore du fumier d'étable ; sur les sols complétement appauvris, leur action est à peine sensible ; on les emploie avec un égal avantage sur les prairies et dans les terres arables ; elles conviennent surtout dans les pays froids et humides. On les dépose par petits tas sur le sol, comme pour la chaux ; on les répand ensuite à la pelle et on les enterre par un labour superficiel. On les applique ordinairement dans la proportion de 40 à 50 hectolitres par hectare. Leur action se fait sentir pendant plusieurs années.

Cendres de tourbe.

Les cendres de tourbe ne contiennent pas de potasse ; sous ce rapport elles sont inférieures aux cendres de savonnerie ; elles n'en sont pas moins d'un emploi fort avantageux pour le cultivateur

5

quand elles proviennent de tourbes de bonne qualité et dont la combustion s'est opérée lentement. La bonne cendre de tourbe se reconnaît à sa blancheur et à sa légèreté; d'après Schwertz, l'hectolitre ne doit pas peser plus de 50 kilogrammes.

La cendre de tourbe produit de très-bons effets sur le lin et particulièrement sur le trèfle dont elle développe fortement la végétation. On l'applique avec succès aux terrains argileux dans une proportion plus forte que pour les cendres lessivées.

Les cendres de toute nature produisent d'autant plus d'effet, qu'on alterne leur emploi avec celui du fumier d'étable; répandues sur les prairies, elle ont surtout pour résultat d'en chasser la mousse et de favoriser la croissance des diverses espèces de trèfle, de lotier et autres plantes fourragères de bonne qualité; mais ce changement ne s'opère, qu'autant que la prairie ne souffre pas de la présence d'eaux stagnantes et qu'on l'a préalablement assainie avant de lui appliquer l'engrais.

b. **Plâtre.**

Le plâtre est un des engrais minéraux le plus employés sur les prairies artificielles; il en double parfois la récolte.

La cuisson n'ajoute rien à ses qualités, il peut être employé indifféremment cuit ou cru; mais, pour que son action soit efficace, il faut qu'il soit bien pulvérisé. La qualité du plâtre dépend de son degré de pureté.

D'après de nombreuses expériences, le plâtre ne produit pas d'effet sur les terrains bas et humides ; en revanche, il agit énergiquement sur les terrains secs et chauds et, d'autant mieux, que le sol se trouve en meilleur état de fertilité.

Le plâtre ne peut, en aucune sorte, remplacer, d'une manière continue, le fumier d'étable ; ses effets sont limités à un petit nombre de plantes, telles que le sainfoin, la luzerne, les vesces, le trèfle, le colza, la navette.

Le plâtre se répand à la volée dans des proportions qui varient entre 200 et 400 kilogr. par hectare ; tantôt, et c'est le cas le plus ordinaire, on le répand en une seule fois, en choisissant un temps calme au printemps pour le semer sur les plantes en végétation ; tantôt on l'applique directement au sol en une ou deux fois : on répand la première moitié de la dose en hiver sur le sol nu et l'autre moitié au printemps.

c. Composts.

La chaux, la marne, mêlées par couches avec des débris de toute nature, sont les substances minérales qu'on emploie le plus communément dans la préparation des composts ; indépendamment des propriétés fertilisantes qu'elles leur communiquent, elles agissent sur eux d'une manière utile en mettant la masse entière en fermentation, en accélérant sa décomposition et en neutralisant les principes acides qu'elle contient.

Tout ce qui est susceptible d'être transformé en engrais, comme les mauvaises herbes provenant des sarclages, les curures des fossés, les boues des villes, les vidanges des étangs, la tourbe, les balayures de cour, les gazons, les bruyères, les débris des animaux, etc., peut entrer dans la formation des composts.

On stratifie ces différentes matières en alternant, autant que possible, les substances terreuses avec les débris de végétaux ou d'animaux et on les arrose de temps en temps avec de l'eau ou, mieux encore, avec du purin.

Lorsqu'on introduit la chaux dans un compost, il faut user d'une grande circonspection, l'employer concassée et avoir soin de ne la mettre en contact qu'avec les matières d'une décomposition difficile; appliquée directement à des matières qui se putréfient aisément, elle y exciterait une fermentation violente et occasionnerait une perte d'engrais. L'usage irraisonné de mêler de la chaux avec les fumiers d'étable doit être abandonné par les mêmes motifs, cette addition leur est plus nuisible qu'utile.

On peut donner au compost la même hauteur et la même disposition qu'au tas de fumier. Dès qu'on suppose que toutes les matières ont eu le temps de se décomposer, ce qui a lieu tantôt au bout de six mois, tantôt au bout d'une année, on retourne le compost et on le brasse en tous sens afin d'opérer un mélange complet de toutes ses parties. Cela fait, on le conduit sur les champs et on l'épand avec soin à la surface du sol sans l'enterrer : il convient particulièrement aux prairies.

Les composts, trop vantés par les uns, trop dépréciés par les autres, occasionnent des frais de main-d'œuvre dispendieux par suite de leur manipulation ; ils ne sauraient, en aucune façon, être comparés au fumier d'étable comme moyen régulier de fumure, ils n'en sont qu'un utile accessoire ; c'est un moyen de mettre à profit, comme engrais, une foule de débris qui, sans les composts, seraient perdus pour l'agriculture ; ramenés à cette valeur, ils méritent toute l'attention du cultivateur. On devrait en former tous les ans une certaine quantité, car, dans l'ordre ordinaire des choses, on est rarement assez riche en fumier pour ne pas chercher à utiliser tout ce qui peut contribuer à maintenir le sol en bon état et à accroître sa fertilité.

CHAPITRE V.

CULTURE DU SOL. — INSTRUMENTS ARATOIRES.

1. DE LA CHARRUE. — 2. DU LABOUR. — 3. DE LA HERSE. — 4. DU ROULEAU. — 5. DE LA HOUE A CHEVAL. — 6. DU BUTTOIR. — 7. DE L'EXTIRPATEUR. — 8. DU SCARIFICATEUR. — 9. DES SEMOIRS.

On a corrigé les défauts du sol ; l'équilibre entre ses parties constituantes a été rétabli, grâce aux amendements ; il se trouve débarrassé de tout excès d'humidité ; on n'a plus à craindre que ces vices primitifs réagissent sur la marche de l'exploitation : le sol a été fumé, le moment est venu de le soumettre à la culture.

Cultiver le sol, c'est le faire passer par une série d'opérations mécaniques qui ont pour but principal de l'aérer, de l'ameublir, de détruire les mauvaises herbes, d'enfouir les engrais, d'enterrer la semence et de protéger les plantes contre l'action du froid ou de la sécheresse.

Les principaux instruments employés à la culture du sol sont : la charrue, la herse, le rouleau, le scarificateur, l'extirpateur, la houe à cheval, le buttoir et le semoir.

I. DE LA CHARRUE.

La charrue est un instrument qui a pour objet de séparer une bande de terre, de la détacher et de la renverser, de sorte que la partie inférieure de la tranche séparée par la charrue soit amenée à la surface du sol. Elle se compose des pièces suivantes :

1° Le *coutre*, espèce de couteau destiné à couper perpendiculairement la bande de terre qui doit être renversée. Il fraye le passage au soc et est placé un peu en avant de cette pièce qu'il tend à maintenir dans une position toujours égale. Le coutre contribue à bien engager la charrue dans le sol et, dans la ligne de son mouvement, à lui donner une marche régulière. La pointe du coutre doit être dirigée en avant, de manière que le tranchant ne forme pas une ligne verticale, mais une ligne oblique; le coutre, en effet, agit avec plus d'énergie de biais que lorsqu'il est placé perpendiculairement. Voilà pourquoi les coutres brisés sont préférables aux coutres droits; leur lame inclinée soulève et pousse les divers obstacles qu'elle rencontre dans sa marche; elle donne à la charrue une légère tendance à entrer en terre et contre-balance ainsi l'action des traits qui tendent à soulever l'instrument.

L'action du coutre n'est pas indispensable dans un labour superficiel ni dans les terres sablonneuses.

2° Le *soc*, qui détache horizontalement la bande de terre et commence à la sou. ver lorsque la charrue est bien construite. Sa longueur doit être proportionnée à sa largeur.

3° Le *versoir*, partie caractéristique de la charrue, soulevant et renversant, après l'avoir fait tourner sur elle-même, la bande de terre coupée par le coutre et le soc. C'est sur le versoir que porte la plus grande résistance, parce que le poids de la terre détachée par le coutre et le soc pèse sur lui jusqu'à ce qu'elle ait dépassé son extrémité. La construction du versoir exerce une grande influence sur la marche de la charrue. Plus tôt le versoir se débarrasse de son cube de terre, plus tôt la charrue se trouve allégée : on obtient plus complétement ce résultat avec des versoirs contournés qu'avec des versoirs à surface plane. Au moyen des premiers, la bande de terre, en glissant sur le soc et le versoir, s'élève et tourne sur son axe; lorsque le mouvement est imprimé à moitié, la bande de terre touche à peine la charrue, son propre poids l'entraîne du côté opposé, il suffit alors d'une légère action de la partie postérieure du versoir pour la renverser.

Dans le plus grand nombre des charrues le versoir est fixe et placé généralement à droite. Mais dans certaines charrues, appelées charrues *tourne-oreille*, le versoir est mobile et peut être placé alternativement à droite ou à gauche du sep ; il permet de jeter la terre toujours du même côté. Ainsi, lorsque le premier sillon est formé par la bande de terre renversée à droite, le laboureur, au lieu de revenir à son point de départ sans travailler, pour donner le deuxième trait de charrue, place le versoir du côté opposé et trace le second sillon en l'appuyant sur le premier ; de même pour les sillons suivants. Avec les charrues tourne-oreille le terrain est labouré complétement à plat, chaque trait de charrue comble la raie ou le vide laissé par le trait précédent : il y a économie de temps. Mais le mécanisme de cet instrument est compliqué ; on s'en sert principalement dans les sols dont l'inclinaison rendrait fort difficile l'opération du labour en contre-sens de la pente et oblige, dès lors, à verser les bandes de terre toujours du même côté.

4° Le *sep*, base de la charrue, glissant au fond du sillon en s'appuyant contre la terre non labourée.

5° L'*âge*, *haie* ou *flèche*. On nomme ainsi cette pièce de bois qui reçoit et transmet à la charrue le mouvement de progression qui lui est imprimé par les animaux.

6° Les *étançons*, supports en bois ou en fer, unissant le sep à l'âge.

7° Les *mancherons*, pièces de bois à l'aide desquelles le laboureur engage sa charrue dans le sol et l'empêche de dévier de sa ligne régulière.

Le mancheron de gauche est seul indispensable, celui de droite peut être retranché sans inconvénient. Sa suppression laisse libre la main droite du laboureur et lui permet de s'en servir pour activer les animaux de trait et pour débarrasser la charrue engorgée.

Le coutre, le soc, le versoir, le sep, l'âge, les étançons et les mancherons constituent ce qu'on appelle le *corps* de la charrue ou ses parties *actives*. Indépendamment de ces pièces il en est encore une placée en dehors du corps de charrue et  lui servant d'appui, c'est l'*avant-train*. Cette pièce accessoire est ordinairement représentée par deux roues qui se meuvent autour d'un essieu sur lequel repose l'extrémité de l'âge et où sont attachées les bêtes de trait. Toutes les charrues qui marchent sans avant-train sont désignées sous le nom d'*araires*.

L'avant-train présente les avantages suivants :

il empêche l'âge de vaciller ; il rend moins sensible l'inégalité du pas des animaux ; il assujettit la
charrue de telle sorte, qu'elle reste d'elle-même en
ligne sans le secours du laboureur ; il offre les
moyens de donner plus ou moins d'entrure à la
charrue, soit en raccourcissant ou en allongeant
l'âge, soit en élevant ou en abaissant la sellette ;
l'avant-train sert encore à faire reprendre sa position à l'instrument lorsqu'un obstacle le détourne
ou le soulève ; on peut, avec lui, prendre une
bande de terre plus mince qu'avec l'araire ; il
maintient mieux la charrue dans les sols pierreux ;
il exige enfin moins d'habileté et d'attention de
la part de celui qui la dirige.

L'avant-train, en revanche, a le grave inconvénient d'augmenter beaucoup la résistance, et,
par suite, d'exiger plus d'animaux de trait, d'occasionner une perte considérable de force motrice et d'enlever au laboureur une partie de
son action sur sa charrue, lorsque celle-ci fonctionne sur un terrain inégal. Ces défauts sont
tels, que partout où l'agriculture est en progrès,
on remplace la charrue à avant-train par l'araire,
bien que celle-ci exige plus de précision dans sa
construction et d'habileté de la part du laboureur.

Les charrues à avant-train ne se règlent pas de
la même manière que les araires.

Pour donner aux charrues à avant-train plus de
disposition à entrer en terre, on abaisse l'âge sur
son point d'appui, ce qui se pratique à l'aide des

trous dont il est percé vers sa partie moyenne ; on produit l'effet contraire en élevant l'âge. A l'aide d'un *régulateur*, on augmente ou l'on diminue la largeur de la bande de terre. Pour cela, on change le point où les traits sont fixés à l'avant-train ; au moyen des dents du régulateur, le point central des traits et de l'avant-train est transporté, à volonté, plus à droite ou plus à gauche. Dans le premier cas, le soc prend une bande de terre plus étroite, dans le deuxième cas, le soc se trouve tourné plus à gauche, il tend à prendre une bande plus large.

Avec l'araire on donne plus d'entrure à la charrue en élevant le point où les traits sont attachés ; pour diminuer la profondeur du labour, on n'a qu'à baisser le point où les traits sont attachés. Ce régulateur fournit encore à la charrue le moyen de prendre des tranches plus ou moins larges, suivant qu'on attache la volée plus à droite ou plus à gauche.

Toute charrue, soit araire soit avant-train, doit réunir les conditions suivantes pour être bonne :

1° Il faut que la charrue soit simple, c'est-à-dire composée des seules pièces nécessaires ;

2° Qu'elle donne le moins de tirage possible ;

3° Que le soc soit plat et tranchant ;

4° Que le versoir renverse la bande de terre, de sorte que celle-ci forme avec la surface du sol un angle de 40 à 50 degrés et que le fond de la raie soit bien évidé ;

5° Que la charrue puisse être réglée de manière à faire des sillons plus ou moins larges et plus ou moins profonds.

La charrue la plus parfaite est celle qui atteint le mieux le but du labour en exigeant le moins de dépense de forces de la part de l'homme qui la conduit et des animaux qui la tirent.

2. DU LABOUR.

Par le labour on se propose de détacher une bande de terre d'une largeur et d'une épaisseur déterminées, et de la renverser de manière qu'elle soit amenée à la surface sens dessus dessous : son but subséquent est de rendre le sol assez poreux pour que l'air, l'humidité et la chaleur, agents essentiels de la végétation, puissent le pénétrer.

On distingue trois sortes de labour : le labour à plat, le labour en billons et le labour en planches.

Le labour à plat proprement dit est celui par lequel le terrain labouré ne présente aucune trace de billons ni de planches. Il offre certains avantages.

Le terrain labouré à plat conserve, sur toute sa surface, une égale répartition de couche arable que les instruments travaillent partout à la même profondeur. La répartition du fumier s'y effectue aussi parfaitement que possible et, par suite, les plantes y végètent uniformément. La semence s'y répartit très-bien. La destruction des mauvaises herbes peut s'y pratiquer à l'aide du hersage. Les opérations du fauchage, du fanage et de la rentrée des récoltes s'y accomplissent avec moins de difficultés que lorsque le terrain a été labouré en billons ou en planches.

Mais le labour à plat proprement dit a le grave inconvénient d'occasionner une perte de temps considérable, par suite des allées et venues d'une extrémité à l'autre du champ, auxquelles le laboureur est nécessairement obligé de recourir quand il ne se sert que d'une charrue à tourne-oreille ; aussi, au lieu du labour continu, préfère-t-on généralement, dans la pratique, diviser en *planches* le terrain soumis à l'action de la charrue.

Toutes les fois que les planches ne comportent pas plus de huit sillons, elles prennent le nom spécial de *billons ;* au-dessus de ce nombre, elles conservent le nom de *planches.*

Par le labour en planches et en billons, on adosse les sillons, la moitié dans un sens et l'autre moitié dans un sens opposé. Les billons et les planches peuvent être plus ou moins bombés. L'usage des billons de deux, quatre, six et huit traits de charrue, si fréquents dans beaucoup de contrées, notamment dans le centre de la France, ne se justifie qu'autant que la couche arable a très-peu d'épaisseur et repose sur un sous-sol de mauvaise nature. Il est certain qu'en ouvrant des raies très-rapprochées pour jeter entre elles la terre qu'on en tire, on accumule la terre végétale sur une partie de la surface du champ; on obtient ainsi des produits qu'on n'aurait pas sans cette forme de labour; mais cet avantage, ainsi que la facilité que présentent les billons étroits pour donner les menues cultures, est contre-balancé par de nombreux inconvénients, surtout quand les billons sont élevés. Il faut chaque année défaire et refaire les billons, travail qui exige toute l'habileté du laboureur; les labours et les hersages ne peuvent être donnés que dans le même sens, on ne peut les croiser. Les plantes, dans un sol en billons, souffrent davantage des variations de la température; elles ne jouissent pas également de l'influence du soleil sur les côtés du billon : la végétation prospère au sommet du billon pourvu d'une couche de terre suffisante et languit sur les épaules du billon qui en sont dégarnies; les plantes sont exposées à y souffrir de l'humidité et, dans tous les cas, y restent chétives.

Ce n'est pas tout : l'engrais est réparti inégalement sur les billons, la semence s'y distribue mal et ne peut être enterrée uniformément; le sarclage et le buttage ne peuvent s'y effectuer qu'à la main. Le travail de la faux y éprouve d'autant plus de difficultés que les billons sont plus relevés; par des temps pluvieux, les récoltes sont plus exposées à être avariées. Enfin, la multiplicité des rigoles qui séparent chaque billon entraîne une perte de terrain considérable et sans profit pour l'assainissement du sol. En effet, bien que le grand nombre de rigoles, inévitable dans la culture à billons, paraisse, au premier abord, le meilleur moyen de débarrasser le sol de son humidité surabondante, il ne constitue en réalité qu'un remède insuffisant, lorsqu'on a à lutter contre une forte humidité. Ces rigoles suivent nécessairement la direction des billons. Or, pour peu que le terrain présente diverses inclinaisons à sa surface, les rigoles, invariablement dirigées dans le sens des billons dont elles sont ici une partie intégrante, ne suivent pas les différents contours du champ, elles restent parallèles aux billons et contribuent bien moins efficacement à l'écoulement des eaux surabondantes, que les rigoles spéciales tirées à travers un terrain labouré à plat ou divisé en planches peu ou point bombées et suivant toutes les sinuosités du sol, pour procurer son assainissement.

Par suite des graves inconvénients qu'ils présentent, les billons ne doivent donc pas être considérés comme un système de culture; c'est un mode exceptionnel de labour auquel il convient de recourir lorsque la couche arable a très-peu d'épaisseur et repose sur un mauvais sous-sol; dans les cas ordinaires, il vaut mieux adopter le labour en planches.

Cette forme de labour laisse le terrain presque

à plat, lorsqu'on a soin d'*endosser* et de *refendre* alternativement et à une égale profondeur, en d'autres termes, lorsqu'on change les sillons de place, le centre de chaque planche devenant l'emplacement de la rigole au labour suivant. Pour cela faire, on commence par renverser dans la rigole les sillons qui la bordaient de chaque côté; on jette successivement, les unes sur les autres, les bandes de terre formant les deux moitiés de deux planches voisines pour en composer une nouvelle planche; parvenu au milieu de chacune d'elles, on établit la rigole là même où se trouvait l'ancien ados. Ce mode de labour convient à toutes les récoltes et à tous les sols. On peut, par cette disposition, donner aux rigoles d'écoulement la direction la plus propre à évacuer les eaux et les multiplier partout où le besoin s'en fait sentir. Toutefois, si l'on avait affaire à un sol très-argileux ou mouilleux, un léger bombement donné aux planches, loin d'être nuisible, serait utile en ce que, sans apporter aucun obstacle à la direction des rigoles et sans contrarier en rien les diverses opérations de la culture, il donnerait au sol la facilité de se ressuyer plus vite, circonstance fort importante quand les travaux pressent dans une exploitation d'une certaine étendue.

La largeur de la bande qu'on doit prendre en labourant dépend de la nature du sol et du résultat qu'on veut atteindre.

Plus le sol est argileux, plus les bandes doivent

être étroites, de cette manière elles se divisent et s'ameublissent mieux; il faut toutefois qu'elles aient une certaine épaisseur. Si les bandes de terre argileuse étaient minces et larges, elles se renverseraient à plat, l'atmosphère et les instruments auraient ainsi moins d'action sur elles.

Également, les bandes doivent être d'autant plus étroites que le labour est plus profond; des bandes larges et épaisses se renversent mal et fatiguent considérablement les attelages.

Si le terrain est sablonneux, peu importe que la bande de terre soit large ou étroite; il en est de même lorsqu'on laboure superficiellement.

Par labour superficiel, on entend, dans la pratique, celui qui ne descend pas à plus de 10 à 12 centimètres, le labour moyen est celui par lequel la charrue pénètre de 12 à 20 centimètres dans le sol; sous le nom de labour profond on comprend tout labour qui a de 20 à 32 centimètres de profondeur : au delà, c'est un labour de défoncement.

La profondeur du labour se mesure dans la raie ouverte par la charrue, au bord de la terre que l'instrument n'a pas attaquée.

La profondeur du labour est déterminée par diverses considérations. Rigoureusement parlant, pour que le labour réponde aux exigences des plantes, il suffit que le terrain soit remué jusqu'à la profondeur à laquelle atteignent leurs racines. Certaines plantes agricoles n'étendent leurs racines qu'à la superficie du sol et dans une direction horizontale ; d'autres sont munies de racines pivotantes et s'enfoncent verticalement à une grande profondeur. Les premières, telles que les céréales, pourront se contenter de labours moyens ou même superficiels; les secondes, comme les carottes, certaines variétés de betteraves et surtout la luzerne, le sainfoin, ne prospèrent complétement que lorsqu'elles peuvent s'enfoncer dans un sol profondément ameubli : des labours profonds leur sont, sinon tout à fait indispensables, du moins fort utiles. On ne peut donc assigner aux labours une profondeur uniforme par rapport aux plantes; cette profondeur varie nécessairement suivant les différentes espèces de végétaux qu'on veut cultiver.

La constitution du sol est encore un élément important d'appréciation pour régler la profondeur du labour.

A part la circonstance particulière où la couche arable, trop superficielle, reposant sur un sous-sol ingrat, ne doit pas être remuée au delà de son épaisseur sous peine d'être détériorée, il y a toujours avantage, dans les labours proprement dits [1], à substituer des labours profonds aux la-

---

1. Nous ne comprenons pas ici dans la catégorie des labours ordinaires les opérations qui ont pour but d'ameublir la superficie du sol, d'enfouir le fumier et, dans les sols très-sablonneux, d'enterrer la semence avec la charrue; pour les premières, la herse et le scarificateur sont les meilleurs instruments qu'on puisse employer; pour les autres, il faut nécessairement recourir à un labour superficiel.

bours superficiels, malheureusement trop usités en France.

On sait que les terrains dont la couche arable est épaisse l'emportent, toutes choses d'ailleurs égales, sur ceux dont la couche arable est superficielle; des terrains remués profondément par la charrue jouissent des mêmes avantages. Ils souffrent moins de l'humidité et de la sécheresse que ceux labourés superficiellement. Ils absorbent une quantité d'eau proportionnelle à la profondeur à laquelle la charrue a pénétré; leur surface souffre ainsi beaucoup moins de l'humidité dans les temps pluvieux et, quand la sécheresse se fait sentir, l'eau contenue dans le sol comme dans un réservoir, à l'abri du soleil et du vent, remonte par degrés et fournit à la végétation la fraîcheur dont elle a besoin. Enfin, dans les terrains labourés profondément, les plantes étendent plus librement leurs racines; elles résistent mieux aux variations de la température; elles se développent mieux et sont moins sujettes à verser. Les labours profonds sont donc très-utiles, soit qu'on se propose d'augmenter l'épaisseur de la couche arable lorsqu'elle n'a pas assez de profondeur, soit qu'on veuille la maintenir lorsqu'elle a suffisamment d'épaisseur. En règle générale, la couche arable doit être remuée de temps en temps dans toute son épaisseur et exposée à l'influence de l'air pour conserver ses qualités; elle finirait par perdre ses avantages si on se contentait de lui donner des labours superficiels. En effet, indépendamment de la disposition à se *reprendre* propre à toute espèce de sol contenant de l'argile, l'action réitérée du sep lisse le fond de la raie à la même profondeur et le corroye de manière à le rendre compacte et à fermer aux couches inférieures toute communication avec l'atmosphère : il s'établit ainsi un sous-sol artificiel qui bientôt prend tous les caractères d'un véritable sous-sol et restreint d'autant plus la couche arable, qu'il est plus rapproché de la surface.

Lorsque le sol a peu de fond, on peut employer deux procédés pour augmenter sa couche arable. Le premier et le plus généralement employé, consiste à ramener peu à peu à la surface une portion du sous-sol, en n'attaquant chaque fois qu'une couche de terre très-mince ; le second consiste au contraire à descendre tout d'un coup à une grande profondeur dans le sol, à le dé-foncer.

L'approfondissement du sol, tout avantageux qu'il soit, exige une grande prudence ; il ne doit être entrepris que si l'on a les ressources nécessaires pour supporter des avances de fonds considérables et si l'on dispose d'une masse de fumier plus grande que ne l'exigent les besoins ordinaires de l'exploitation. L'application de ce dernier principe est d'autant plus rigoureuse, que les qualités du sous-sol répondent moins à celles de la couche arable. Si le sous-sol est d'excellente nature, il suffira parfois de l'exposer pendant quelque temps aux influences atmosphériques pour lui communiquer une partie des qualités de la couche arable ; mais si le sous-sol est d'une nature inférieure, ce qui a lieu dans la plupart des cas, il est alors indispensable de fortifier l'action de l'atmosphère **par** une application d'engrais ; faute de ce secours, **le** sol serait appauvri, et loin d'avoir fait une économie en épargnant le fumier, on serait bientôt obligé de fumer très-énergiquement pour rétablir l'équilibre de fécondité entre toutes les parties du sol actif. Quelque soin, du reste, qu'on prenne, il est bien rare, lorsqu'on a augmenté la couche arable en ramenant à la surface une couche de terre empruntée au sous-sol, de ne pas éprouver pendant quelques années une diminution de produits. En général, il faut que la nouvelle terre ait passé par plusieurs fumures avant d'arriver au même degré de fertilité que l'ancienne couche arable ; c'est un sacrifice auquel il faut se résigner quand on veut entreprendre une amélioration de ce genre : la plus value qu'elle donne au terrain et l'influence durable qu'elle exerce sur les récoltes dédommagent amplement de cette perte temporaire.

Il n'est pas toujours nécessaire, lorsqu'on **veut** donner plus de profondeur à la couche arable, d'amener tout d'abord une partie du sous-sol à la surface ; il est souvent même préférable, quand on n'est pas riche en fumier, de commencer par ameublir les couches inférieures avant de les mélanger avec la terre arable. Cette opération s'effectue en faisant suivre la charrue ordinaire par une deuxième charrue sans versoir, munie d'un soc convexe, appelée *charrue sous-sol, charrue fouilleuse,* qui fouille le terrain sans le retourner :

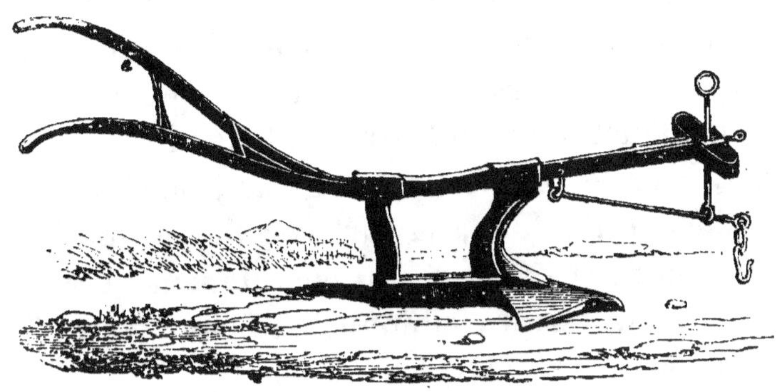

on obtient déjà, par ce moyen, une amélioration notable. En pénétrant dans ce sous-sol ameubli, l'eau descend plus avant ; les engrais s'y infiltrent ; les plantes y enfoncent leurs racines et, par là, se défendent mieux contre la sécheresse. Pour assimiler complétement à la couche arable les parties du sous-sol remuées par la charrue sous-sol, il n'y a plus qu'à l'exposer à l'air : les engrais et les labours feront bientôt une masse homogène du tout.

Dans la plupart des cas, il y a profit à n'approfondir que peu à peu la couche arable; mais c'est surtout lorsque la nature du sous-sol diffère de celle de la couche arable qu'il importe d'observer ce précepte. On s'exposerait à un double inconvénient en ramenant tout d'un coup à la surface du sol une grande quantité de terre neuve. D'une part, **on** aurait beaucoup de peine à mêler convenablement la portion du sous-sol extraite avec la couche arable, condition indispensable pour le succès des récoltes ; · de l'autre, on enfouirait à une grande profondeur la vieille couche arable qui possède les éléments de fertilité nécessaires à la nutrition des plantes et l'on frapperait ainsi d'improduction le terrain pendant plusieurs années. Plus le sous-sol est argileux, moins il **faut** en amener à la fois à la surface ; l'approfondissement peut être conduit plus énergiquement si l'on agit sur un terrain sablonneux ou une **terre** d'alluvion de consistance moyenne.

Le défoncement du sol peut avoir lieu de deux manières : en faisant passer deux charrues l'une après l'autre dans la même raie, ou bien **en** faisant suivre la charrue par des hommes armés de bêches qui approfondissent le terrain avec cet outil. L'amélioration résultant de cette opération **se** fait sentir pendant plusieurs années.

Le moment le plus favorable pour labourer le sol dépend de l'état du terrain et du but qu'on se propose. Lorsque le terrain est trop sec, le labour est rendu très-pénible et le sol argileux, au lieu de se diviser en tranches égales, se déchire en mottes de diverses grosseurs.

Le labour, dans un terrain humide, a pour **effet** de fatiguer beaucoup les attelages ; les bandes de terre deviennent très-adhérentes, elles se durcissent extrêmement en séchant et ne se divisent plus qu'en mottes qu'il est difficile de briser; en outre, les semences des mauvaises herbes s'y conservent jusqu'à ce que l'ameublissement ultérieur du sol leur permette de lever.

Ces inconvénients se font sentir avec d'autant plus de force que le terrain contient plus d'argile; ils sont surtout à redouter dans les sols argilo-siliceux, parce que la gelée et les autres circonstances atmosphériques n'ont que très-peu de prise sur eux : labourés à contre-temps, ils sont plus difficiles à ameublir, que si on n'y avait pas mis la charrue, aussi ne doit-on les travailler que lorsqu'ils sont complétement ressuyés.

Lorsqu'on a principalement pour but d'ameublir le sol, c'est aux labours d'hiver qu'il faut recourir si le terrain contient du carbonate de chaux; la gelée vient alors en aide au cultivateur, elle pulvérise le sol aussi bien que le meilleur des instruments et le laisse dans un état parfait d'ameublissement au printemps. Mais, si on a surtout en vue la destruction des mauvaises herbes, le moment le plus favorable pour donner le labour varie suivant le genre des mauvaises herbes qu'on a à combattre.

Les mauvaises herbes sont de deux sortes principales : les unes, annuelles ou bisannuelles, se reproduisent par leurs graines ; telles sont les sanves, le coquelicot, le chrysanthème des moissons, la nielle, le bluet, les camomilles, le raifort sauvage, la folle avoine, la centaurée solsticiale et la chausse-trape. Les autres sont vivaces et se propagent surtout par leurs racines; à cette catégorie appartiennent le chiendent, l'agrostide traçante, l'avoine à chapelets, etc.

Les semences des mauvaises herbes annuelles lèvent très-bien dans un sol ameubli à la profondeur de 5 à 6 centimètres par la herse et le scarificateur; on les détruit en les culbutant par le labour lorsqu'elles sont en végétation, en ayant soin de ne pas attendre le moment de leur fructification pour cette opération. On peut aussi en débarrasser le sol en mettant le feu aux chaumes après la moisson.

Les mauvaises herbes vivaces, qui se multiplient surtout par leurs racines, ne peuvent être détruites par les mêmes moyens. C'est en brisant fréquemment leurs jeunes pousses et en exposant leurs racines au soleil qu'on parvient à les extirper. Cette opération exige la plus grande attention. Il faut bien se garder, dans ce cas, de labourer par un temps humide ou lorsque le sol est encore frais; loin de détruire les mauvaises herbes à racines traçantes, on ne ferait que les multiplier davantage : les labours, dans ce cas, doivent être superficiels et donnés, en été, par des temps de sécheresse. On ne doit les faire suivre du hersage que lorsque les racines des plantes sont bien desséchées : cette opération, très-délicate, mérite toute l'attention du cultivateur ; dans certains sols, lorsque la température est contraire, elle présente des difficultés si grandes, qu'il est parfois impossible de la mener à bonne fin sans recourir à la jachère.

On comprend sous le nom de *jachère* la série des préparations qu'on fait subir à la terre, laissée alors improductive, pour la disposer à recevoir des récoltes.

Le principe dominant dans la jachère, est de ne point permettre aux mauvaises herbes de se multiplier. Le nombre des labours qu'elle doit recevoir dépend de leur exécution et varie suivant que la température favorise plus ou moins le nettoiement du sol et son ameublissement.

Beaucoup de cultivateurs, en abordant la jachère, cherchent souvent à concilier deux choses inconciliables : ils voudraient purger leurs champs de mauvaises herbes et ils veulent en même temps ménager une pâture à leurs troupeaux en ne rompant le sol que vers la fin du printemps ; il s'ensuit que la terre reçoit une préparation incomplète et donne un maigre pâturage. La pâture a besoin de repos pour que le sol se couvre d'herbes. La jachère, au contraire, n'admet pas de repos et doit tenir le terrain parfaitement net ; les demi-mesures, ici, sont loin d'être économiques et l'on ne doit pas perdre de vue qu'il s'agit d'une opération dont l'influence se fera sentir pendant plusieurs années. Dès qu'on est résolu à recourir à la jachère, il faut commencer par déchaumer,

c'est-à-dire ameublir le sol par un coup d'extirpateur ou de scarificateur, afin de faire germer
les graines des mauvaises herbes tombées à la surface du sol. Quand elles sont bien levées, avant
qu'elles soient en fleur et surtout en graine, on
donne un labour qui pénètre jusqu'au fond de la
couche arable et on laisse la terre ainsi labourée
jusqu'à la fin de l'hiver. Au printemps, les travaux
les plus pressants étant terminés et lorsque les
mauvaises herbes ont reparu à la surface du sol,
on donne un hersage suivi bientôt après du
deuxième labour qui ne descend pas à plus de
10 à 12 centimètres. Dans le courant de l'été,
on en donne un troisième de 16 centimètres
environ ; celui-ci est encore suivi d'un quatrième
labour donné à la profondeur du deuxième, vers
la fin de l'été, c'est-à-dire précédant de six semaines l'époque de la semaille. Dans l'intervalle
de chaque labour on a soin de faire passer la
herse ou l'extirpateur : les mauvaises herbes annuelles ne résistent guère à ces diverses façons.
Lorsqu'il s'agit de mauvaises herbes vivaces, les
labours d'été doivent être plus répétés ; leur
nombre, ainsi que pour toute espèce de labour,
importe moins que leur opportunité et la manière
dont ils sont effectués.

La jachère est le procédé le plus dispendieux
qu'on puisse employer pour préparer le sol ; car,
outre les labours multipliés qu'elle exige, elle entraîne le sacrifice d'une récolte et le produit im-

médiat qu'on en retire a à supporter deux années
d'intérêt. Mais elle n'est pas toujours d'une nécessité absolue; elle ne doit pas revenir à des époques périodiques comme on le croit trop communément; il faut la considérer comme un moyen
extraordinaire d'ameublir certains sols tenaces ou
de nettoyer un champ envahi par les mauvaises
herbes. Ainsi comprise et surtout bien pratiquée, la
jachère est souvent le moyen le plus économique
d'obtenir le double résultat du nettoiement du
sol et de son ameublissement; elle permet de
substituer, par la suite, à la *jachère complète*,
des *demi-jachères*, qui n'occupent la terre que
pendant une partie de l'année et s'effectuent
avant ou après une récolte; elle aide enfin à les
supprimer entièrement pour ne plus employer
que le moyen ordinaire d'ameublir et de purger
le sol à l'aide des récoltes sarclées.

Le sol ne doit être retourné complétement dans
toute sa couche arable qu'une seule fois entre
chaque récolte. Cet unique labour profond doit
suffire dans la plupart des cas lorsqu'on n'a pas à
lutter contre une température tout à fait contraire;
les cultures subséquentes se font alors à l'aide de
la herse, du scarificateur et de l'extirpateur : tout
au plus ont-elles besoin d'être aidées d'un ou
deux traits de charrue superficiels. Cette règle est
surtout applicable aux terres fortes. Le sol argileux, labouré avec soin en automne, s'ameublit par
les gelées; on doit éviter de le labourer derechef

au printemps, sous peine d'amoindrir les bons effets que l'hiver produit sur les sols de cette nature. La préparation complémentaire du terrain peut très-bien s'effectuer avec le scarificateur; le ol travaillé par cet instrument au printemps, conserve bien mieux sa fraîcheur que lorsqu'on a recours à la charrue.

La bonté du labour dépend des différents buts qu'on se propose par cette opération; il ne donne de bons résultats qu'autant que la terre est friable et a de la tendance à se diviser : cet état du sol contribue singulièrement à la perfection du travail, elle décide souvent de l'abondance et de la qualité des récoltes.

3. DE LA HERSE.

La herse est un instrument dont on se sert pour ameublir le sol, le mélanger avec les engrais et les amendements, détruire les mauvaises herbes et recouvrir la semence.

La forme des herses est très-variée; les unes sont carrées, les autres sont triangulaires, à losange, etc. Quelle que soit sa forme, la herse doit remplir plusieurs conditions pour que son travail soit bon. Les dents doivent être placées de manière que les raies qu'elles tracent sur le sol se trouvent à une égale distance les unes des autres; chaque dent doit tracer sa raie particulière et ne pas se confondre avec la raie tracée par une autre dent; les dents doivent être assez écartées pour que la terre ne s'amoncelle pas dans leurs intervalles.

Les dents de la herse sont en bois ou en fer. Les premières peuvent suffire dans les terres légères, mais elles ont l'inconvénient de s'user très-vite; les secondes sont indispensables dans les terrains argileux; les unes et les autres agissent avec plus d'énergie quand elles sont inclinées en avant que lorsqu'elles sont placées perpendiculairement. Indépendamment de l'inclinaison des dents, leur longueur, le poids de l'instrument et l'allongement des traits des animaux contribuent encore à donner plus de profondeur au hersage. Les dents en fer, pour être solidement fixées dans le cadre et les traverses de la herse, doivent y être assujetties avec des vis à écrous; sans cette précaution, les bois, après un certain temps de service, travaillent, et les dents jouent dans leur mortaise; on est alors exposé à en perdre lorsque l'instrument heurte violemment contre un obstacle.

La herse triangulaire s'attelle à la balance des chevaux à l'aide de deux crochets unis ensemble, dont l'un prend la balance et l'autre la herse au sommet du triangle. Quand on veut tasser et ameublir le sol sans ramener les mottes à la surface, on fait un hersage *arrière-dents*, c'est-à-dire qu'on attelle les bêtes de trait à l'un des angles de la base du triangle; par ce règlement, l'inclinaison des dents est changée, elles n'ont plus la même tendance à s'enfoncer dans le sol et elles passent sur les obstacles qu'elles rencontrent sans les briser et sans s'engorger. C'est à ce mode de hersage, aidé parfois du rouleau qu'on a recours pour préparer le sol à recevoir le hersage à *pleines dents* quand l'état du terrain ne permet pas d'agir ainsi tout d'abord.

La herse Valcourt, la meilleure herse à losange

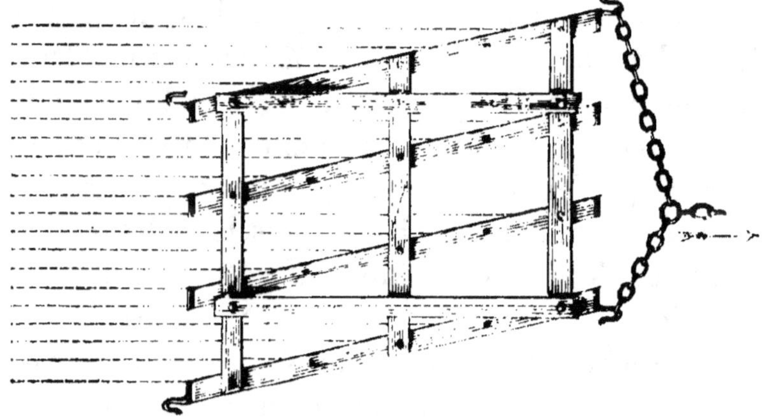

qu'on possède jusqu'ici, se règle ordinairement en mettant le crochet au tiers de la chaîne, à partir de l'angle obtus.

Les herses légères, traînées par une seule bête de trait, peuvent être accouplées entre elles en échelonnant les animaux de telle sorte, qu'ils se conduisent les uns les autres. Le premier animal est conduit par le charretier, le deuxième est attaché au palonnier du premier, et ainsi de suite : par ce moyen un seul conducteur peut faire fonctionner quatre ou cinq herses à la fois, disposition très-expéditive en usage aux environs de

Paris, mais dont on ne profite pas assez souvent dans le reste de la France.

Le hersage, pour être avantageux, doit être appliqué à propos, c'est-à-dire lorsque le sol est en état de le recevoir. Dans les terres légères, le moment favorable pour herser ne présente guère de difficultés; il n'en est pas de même dans les terres fortes. Si le sol argileux est trop humide, le hersage fait souvent plus de mal que de bien, surtout si l'on a affaire à un sol argilo-siliceux sujet à se battre. Dans cette espèce de sol, il faut savoir saisir le moment où la terre, ni trop sèche, ni trop humide, se laisse facilement attaquer par la herse. Lorsqu'on l'a rencontrée telle et que la température est favorable, tous les autres travaux doivent céder le pas au hersage; vingt-quatre heures de retard, sous un climat chaud, ne permettent plus parfois de mettre la herse dans le champ et l'on se voit ainsi forcé de renvoyer l'opération à une époque incertaine. Dans le midi on regarde comme indispensable de faire passer la herse le soir même du jour où l'on a labouré les terres fortes : on profite ainsi de la friabilité du sol fraîchement travaillé; la herse l'attaque avec succès et le rouleau complète ensuite utilement son action.

4. DU ROULEAU.

Le rouleau convient à tous les sols, mais il n'agit pas de même sur chacun d'eux. Appliqué aux terres fortes, il a surtout pour but de briser les mottes; là où le sol est très-tenace, il est avantageux, après avoir fait suivre le labour d'un trait de herse, d'y passer le rouleau et de herser une deuxième fois. Cet emploi combiné de la herse et du rouleau est un excellent moyen d'ameublir les sols argileux, motteux; les mottes qu'une **première** pression du rouleau n'a pas divisées, se trouvent enfoncées en terre; la herse les reprend avec énergie et les ramène à la surface : le rouleau achève leur ameublissement. Les sols argileux doivent être roulés lorsque la terre est bien ressuyée, c'est-à-dire quand elle n'est plus assez humide pour s'attacher à l'instrument, mais conserve assez de fraîcheur pour s'écraser facilement. Le rouleau n'est pas moins utile sur les terres légères; il leur donne plus de consistance et y retient la fraîcheur toujours trop prompte à s'en évaporer. Le rouleau peut être encore employé avec avantage pour *régaler* le sol; cette opération rend la semaille plus égale et facilite plus tard l'action de la faux. Le rouleau est encore employé avec avantage pour presser la terre contre la semence, ce qui favorise la germination, et pour raffermir dans le sol les plantes soulevées par la gelée.

Les rouleaux les plus usités sont construits en bois; on se sert aussi de rouleaux en pierre ou formés de disques en fonte ou en fer; ces derniers, connus sous le nom de *rouleaux squelettes,* sont très-énergiques, ils conviennent particulièrement aux terres fortes.

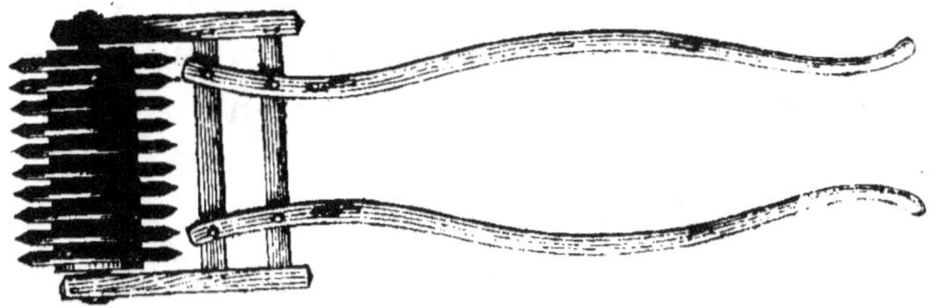

Le rouleau a d'autant plus d'action, que sa pression s'exerce sur une moindre surface du sol, en d'autres termes, qu'il a moins de longueur et que son diamètre est plus grand. Un rouleau en bois de 1 mètre 30 centimètres de longueur sur 50 centimètres de diamètre fonctionne mieux que les rouleaux longs et étroits dont on se sert communément.

5. DE LA HOUE A CHEVAL.

On désigne sous ce nom un instrument agis-

sant à l'aide de socs et de couteaux destinés à dé-

truire les mauvaises herbes et à ameublir la surface du sol : il apporte une grande économie dans
le binage des plantes cultivées en lignes, mais il
ne dispense pas de recourir au travail à la main
pour terminer l'opération, lorsqu'on veut que
celle-ci ne laisse rien à désirer.

Les houes à cheval bien construites doivent
s'écarter et se rapprocher à volonté, et fonctionner de telle sorte, qu'elles ne laissent aucun point
du terrain où elles passent sans être complète-
ment fouillé. L'espace qu'elles embrassent dans
leur action varie de 50 à 83 centimètres.

Un régulateur placé à la partie antérieure de
l'instrument sert à régler la profondeur du travail.

La houe à cheval n'exige qu'une seule bête de
trait; la quantité de travail qu'elle expédie dépend de l'état du sol et de l'écartement des
lignes.

Ainsi que pour tous les instruments aratoires,
le travail de la houe à cheval n'est avantageux que
lorsqu'on a su employer l'instrument à propos.
La règle essentielle à observer est d'éviter d'en
faire usage lorsque la terre est trop sèche et surtout trop humide, car autant les binages donnés
en temps favorable impriment d'activité à la végétation, autant ils peuvent nuire lorsqu'on les
applique à contre-temps.

Les binages doivent être répétés autant de fois
que le terrain tend à se durcir ou à s'enherber; la

première façon, quand elle a été donnée à propos et qu'elle a été bien faite, facilite beaucoup les binages ultérieurs : on sait par expérience qu'une terre, dont la surface est bien ameublie, a beaucoup plus de peine à se serrer, même lorsque la sécheresse se prolonge, qu'un terrain battu et durci à sa surface ; la végétation s'y maintient plus fraîche.

6. DU BUTTOIR.

Le buttoir consiste essentiellement en deux

versoirs qui peuvent s'écarter ou se rapprocher à volonté. Il a surtout pour objet de porter de la terre meuble au pied des plantes en les chaussant jusqu'à une certaine hauteur ; sous ce rapport, il complète le travail de la houe à cheval pour les plantes qui ont besoin d'être chaussées. On s'en sert aussi avec avantage pour nettoyer, après la semaille, les raies qui séparent chaque planche et pour ouvrir des rigoles transversales destinées à l'écoulement des eaux.

7. DE L'EXTIRPATEUR.

L'extirpateur est un instrument armé de plu-

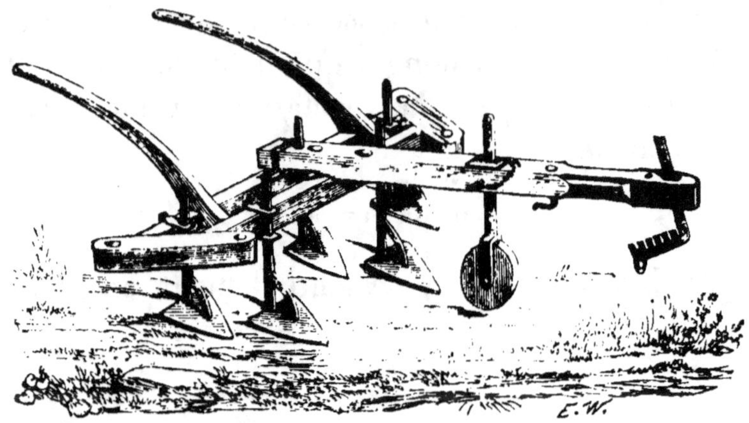

sieurs socs qui coupe entre deux terres les plantes qu'il y rencontre et remue le sol à une certaine profondeur, mais sans le retourner. On s'en sert pour déchaumer, ameublir le terrain, détruire les mauvaises herbes et aussi pour enterrer la semence : il remplace souvent avec avantage la charrue lorsqu'il n'est question que de cultures de 8 à 11 centimètres de profondeur.

L'extirpateur se règle de même que la charrue : en élevant plus ou moins l'âge sur l'avant-train, on détermine la profondeur à laquelle les socs doivent pénétrer dans le sol.

L'extirpateur peut être employé dans tous les terrains; on y attelle trois ou quatre bêtes de trait, suivant la nature du sol et la profondeur à laquelle on veut le remuer.

Les socs de l'extirpateur sont ordinairement placés sur deux traverses en bois et disposés de telle sorte, que rien n'échappe à leur action dans l'espace qu'embrasse l'instrument.

8. DU SCARIFICATEUR.

Le scarificateur, appelé aussi griffon dans le

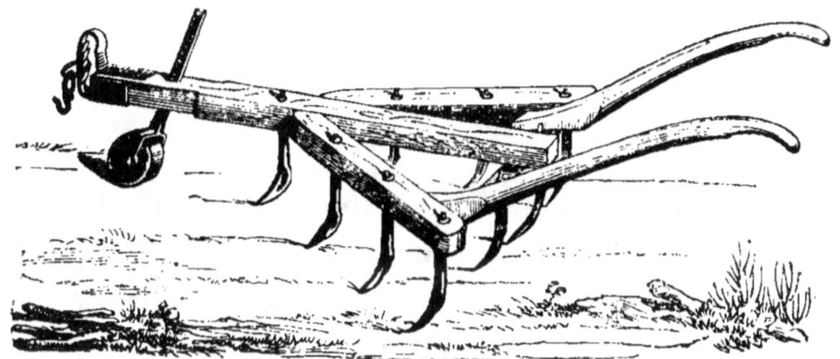

midi de la France, est un instrument plus énergique que l'extirpateur. Il en diffère en ce que ses pieds, de formes variées, au lieu de couper la terre horizontalement, la déchirent et la divisent verticalement à la manière des dents de la herse ou du coutre de la charrue.

Il se règle, comme l'extirpateur, au moyen de l'avant-train et, de plus, on détermine l'entrure des pieds postérieurs à l'aide des deux roues qui accompagnent le cadre de chaque côté.

Le scarificateur convient dans tous les sols et s'emploie aux mêmes usages que l'extirpateur; il peut très-bien remplacer cet instrument lorsqu'il s'agit d'ameublir le sol et de détruire les mauvaises herbes. C'est l'instrument le plus énergique dont on puisse se servir pour le *déchaumage,* opération capitale, qui doit être faite aussitôt la récolte enlevée et dont le but est de mettre les graines des mauvaises plantes en état de germer promptement pour être détruites ensuite par le premier labour : le soin avec lequel on le pratique exerce une grande influence sur la propreté des terres, et, par suite, sur l'abondance des récoltes.

9. DES SEMOIRS.

Les semoirs sont fort utiles pour répartir les graines des plantes qui demandent à être placées à une certaine distance les unes des autres dans un ordre et une proportion déterminés.

L'emploi du semoir suppose nécessairement une culture en grande voie de progrès, un sol qui ne soit pas trop accidenté et surtout un terrain parfaitement préparé.

Les principaux avantages du semoir sont de mettre le grain en terre à une profondeur uniforme déterminée par la volonté du semeur; de recouvrir parfaitement tous les grains; d'apporter une économie notable dans la semence et de rendre les menues cultures plus faciles. **On** leur reproche, avec raison, 1° de n'expédier que peu d'ouvrage ou de nécessiter l'acquisition de plusieurs semoirs, ordinairement très-coûteux; 2° d'exiger l'attention soutenue du semeur; 3° de rendre souvent indispensable l'intervention d'un mécanicien quand quelques pièces du semoir viennent à se déranger.

Il existe un grand nombre de formes de semoirs; quel que soit celui qu'on adopte, il n'atteint complétement le but du cultivateur, qu'autant qu'il réunit les conditions suivantes :

1° Il doit permettre de rapprocher ou d'écarter à volonté la distance entre les lignes semées ;

2° Il doit répandre la semence uniformément et d'une manière continue, tant qu'il est en marche et la recouvrir en même temps;

3° Sa construction doit être assez peu compliquée afin que, quelques pièces venant à se déranger, on puisse le faire réparer par des ouvriers ordinaires;

4° Enfin, il doit être peu coûteux. Jusqu'ici aucun semoir ne donne la solution complète de ces difficultés : les plus répandus sont : le semoir Hugues, le semoir Dombasle et celui de Grignon.

Tels sont les principaux instruments employés pour la culture du sol. Dans ces derniers temps, la mécanique agricole s'est enrichie d'un grand nombre de machines parmi lesquelles il en est de véritablement précieuses pour le cultivateur. S'il est difficile d'indiquer, d'une manière absolue, quels sont les instruments auxquels il faut donner la préférence, le meilleur laissant toujours quelque chose à désirer, soit par rapport à sa construction, soit par rapport au prix d'acquisition ou à la dépense de force qu'il exige, on peut toutefois poser ce principe, qu'en agriculture l'instrument le meilleur est celui qui répond le mieux au but qu'on se propose et que lorsqu'on a été assez heureux pour en rencontrer de semblables, un prix même un peu élevé n'est pas un motif suffisant pour se priver de l'avantage inappréciable d'exécuter ses travaux de la manière la plus parfaite et la plus économique. Cette acquisition faite, il va sans dire qu'il faut apporter le plus grand soin à la conservation et à l'entretien des instruments. Charrue, herse, extirpateur, etc., devront donc recevoir une peinture à l'huile et être munis d'un traîneau destiné à les conduire aux champs et à les ramener à la ferme ; là, on les abritera sous un hangar et on les passera de temps en temps en revue pour s'assurer s'ils sont garnis de toutes leurs pièces : ces soins bien simples, à la portée de tous, contribuent singulièrement à leur conservation.

CHAPITRE VI.

DE LA CULTURE DES PLANTES. — PRINCIPES GÉNÉRAUX.

1. SEMIS. — 2. TRANSPLANTATION. — 3. SOINS GÉNÉRAUX PENDANT LA VÉGÉTATION. — 4. TRAITEMENT ET CONSERVATION DES PRODUITS.

Le sol a reçu les diverses préparations dont il avait besoin, la couche arable se trouve suffisamment ameublie et pourvue d'engrais, on peut lui confier les plantes qu'on se propose de cultiver.

Toute plante provient d'une graine ou d'un bourgeon qui, placé dans des conditions déterminées, naît, croît, se développe, fructifie et reproduit le végétal dont il est issu.

La semence, mise en terre, a besoin d'obscurité, de chaleur et d'humidité pour germer. La germination opérée, la plante enfonce ses racines dans le sol; sa tige, au contraire, s'élance hors de terre, cherche l'air et la lumière, se couvre de feuilles à l'aide desquelles elle s'empare des principes fertilisants de l'atmosphère; plus tard, les organes reproducteurs paraissent, l'acte de la fécondation végétale communique la vie aux ovules renfermés dans l'ovaire; ceux-ci se développent sous l'influence de l'humidité, de la chaleur et des engrais; la graine se perfectionne de plus en plus, vient enfin le terme de sa maturité : le végétal est alors en état de continuer son espèce par sa propre semence, il transmet à ses descendants, pendant plusieurs générations, tout ou partie de ses défauts ou de ses qualités.

En général, c'est sous la forme de graines que le cultivateur met en terre les plantes qu'il veut multiplier. Le plus souvent celles-ci occupent, pendant toute la durée de leur végétation, la place où elles ont commencé à germer ; quelquefois cependant, elles ne croissent que pendant un certain temps au lieu où elles ont levé et, à une certaine période de leur premier développement, on les arrache pour les transplanter ailleurs dans une terre fraîchement préparée : elles achèvent là leur existence.

Toute espèce de plante, semée à demeure ou transplantée, exige, pour sa réussite, l'accomplissement de certaines conditions générales qui servent en quelque sorte d'introduction à la culture spéciale des plantes ; elles se rapportent aux semis, à la transplantation, aux soins à donner aux plantes pendant leur végétation, au traitement et à la conservation de la récolte : la connaissance et l'observation de ces conditions sont de la plus grande importance pour le cultivateur.

1. SEMIS.

Les règles générales relatives aux semis concernent le choix de la semence, la durée de sa faculté germinative, la quantité de semence qu'il faut employer, sa préparation, l'époque des semailles, la profondeur à laquelle il faut l'enterrer et les différentes manières de répandre la semence.

a. Choix de la semence.

Le choix de la semence réclame toute l'attention du cultivateur.

Il est d'expérience qu'aucune graine n'est apte à produire une plante saine et vigoureuse, si elle ne provient elle-même d'une plante robuste, si elle n'a été fécondée, si elle n'est arrivée à une complète maturité et si elle ne possède pas la faculté de germer.

Toutes circonstances de sol, de climat, d'engrais et de culture réservées, la graine la plus parfaite est celle qui donne les plus belles récoltes; une semence imparfaite ou altérée peut être encore susceptible de germer et donner naissance à des plantes dont le premier développement s'effectue sans difficulté; mais, à moins d'un sol et d'une température privilégiés et de soins assidus, ces plantes ont une prédisposition maladive, elles faiblissent surtout au moment de leur floraison, la fécondation chez elles s'opère mal, et, par suite, elles donnent peu ou point de graines.

La bonne qualité d'une graine se reconnaît à sa grosseur, à son poids, à son état luisant et à l'absence d'odeur. Sa grosseur et son poids prouvent qu'elle est issue d'une plante vigoureuse; son état luisant dénote qu'elle est saine; l'absence d'odeur est le meilleur indice qu'elle a été bien conservée, c'est-à-dire qu'elle n'a point subi de fermentation, qu'elle n'est point *échauffée*.

Ces caractères sont autant de signes probables que la graine possède la faculté de germer; ils ne suffisent pas cependant pour certifier sa vitalité, on ne peut s'en assurer qu'en la soumettant à l'influence de la chaleur et de l'humidité. Le procédé suivant peut être employé. On prend une soucoupe à demi pleine d'eau, on y fait tremper du coton sur lequel on répand un nombre déterminé de graines recouvertes d'un morceau de drap, on place le tout dans une pièce dont la température soit élevée : au bout d'un certain temps, les graines germent; on apprécie la qualité de la semence par le nombre des graines qui ont germé.

b. Durée de la faculté germinative des graines.

Toutes les graines ne jouissent pas, pendant le même laps de temps, de la faculté de germer.

Quelques-unes la perdent promptement, d'autres la conservent très-longtemps. L'âge, la chaleur, l'humidité et surtout la fermentation, enlèvent aux graines leur faculté germinative.

A part quelques exceptions, une semence nouvelle est préférable à une vieille semence.

c. Changement de semences.

Le sol et le climat exercent une véritable influence sur la qualité de la semence et l'expérience prouve que, même avec des soins, on ne prévient pas toujours l'abâtardissement de la graine; dans ce cas, il y a un avantage réel à renouveler de temps en temps la semence en la tirant des localités où elle est l'objet de soins particuliers et où elle acquiert le plus de perfection. Mais il s'en faut que le changement de semences, bon en soi et quelquefois nécessaire, soit toujours indispensable. Loin de là, dans la plupart des circonstances, lorsque le sol et le climat ne sont pas contraires, on peut, avec une bonne culture, se dispenser de tirer la semence du dehors; il faut seulement avoir soin de la prendre dans les pièces où les plantes sont vigoureuses, de récolter quand la maturité est parfaite et d'attendre une dessiccation complète pour rentrer. En tirant la semence de son exploitation, le cultivateur a l'avantage de bien connaître l'espèce qu'il veut multiplier et d'avoir une graine tout acclimatée, conditions importantes que ne remplissent pas toujours des variétés précieuses empruntées à des pays privilégiés.

Au surplus, si l'on était aussi difficile vis-à-vis de sa propre semence, qu'on se montre exigeant à l'égard de la graine tirée du dehors, en d'autres termes, si l'on choisissait dans sa récolte la semence la plus belle, la mieux nourrie et la plus nette, nul doute que le changement de semence ne deviendrait pas une obligation, on n'y aurait recours que dans des cas tout à fait exceptionnels et cette sage précaution, au lieu d'être une routine, ne mériterait que des éloges.

d. Quantité de semence à employer.

La quantité de semence à employer sur une étendue donnée de terrain n'est pas chose indifférente. Pour que les plantes qui en proviendront donnent le plus haut produit possible, il faut qu'elles couvrent toute la surface du sol et qu'elles y occupent chacune l'espace dont elles ont besoin pour se développer complétement sans se nuire les unes aux autres.

On détermine cet espace nécessaire en ayant égard à la nature du sol, à sa préparation, à son état de fertilité et à l'époque des semailles. Il faut, en outre, tenir compte de la qualité de la graine, du mode de semailles, de la nature de la plante cultivée, des façons dont elle est l'objet pendant sa végétation et du temps qu'elle exige pour arriver à maturité.

Mieux le sol a été préparé, mieux sa surface est ameublie et plus il se trouve en bon état d'engrais, plus les plantes croîtront avec vigueur, plus il leur faudra d'espace pour se développer, moins il faut de semence.

Au contraire, si l'on a affaire à un terrain pauvre ou mal préparé, moins les plantes prendront de développement, plus on devra semer épais pour obtenir une quantité déterminée de produits.

Il faut d'autant moins de semence, que la graine est de meilleure qualité.

Mieux la plante est appropriée au sol et au climat, mieux elle prospérera, moins il faut de semence.

Plus la semaille est faite de bonne heure et par une température favorable, moins il faut de semence; il faut semer d'autant plus épais qu'on sème plus tard et dans des conditions plus défavorables; comme conséquence de ce principe, les semailles d'hiver peuvent être moins épaisses que celles de printemps.

Plus le sol est net de mauvaises herbes, plus il favorise le développement et la vigueur des plantes, moins il faut de semence.

Plus la répartition de la semence est uniforme, mieux chaque grain occupe la place qui lui convient, moins la semaille peut être épaisse; voilà pourquoi on doit semer plus dru à la volée qu'au semoir.

En général, dans chaque localité on connaît assez bien, par l'expérience, la quantité moyenne de semence qu'il convient d'employer pour telle ou telle nature de terrain ; mais souvent aussi on suit plutôt l'instinct d'une habitude routinière, qu'on ne se guide par la réflexion et on ne fait pas assez attention à l'état du sol et à sa fertilité, conditions essentielles cependant pour décider s'il faut semer plus ou moins épais.

e. Préparation de la semence.

On comprend sous ce nom l'opération par laquelle on plonge dans une dissolution certaines semences pour les préserver des maladies spéciales auxquelles elles sont exposées ; telles sont, entre autres, les préparations qu'on fait subir à la semence du blé dans le but de la soustraire à la carie.

Il ne faut pas confondre avec cette opération l'usage de faire tremper la semence dans de l'eau ou du purin pour hâter sa germination. La graine humectée jouit, en effet, de la propriété de lever plus tôt, mais ce procédé n'est pas sans danger. Il réussit lorsqu'il vient à pleuvoir peu de temps après la semaille ; or, dans ce cas, la pluie le rend superflu ; le temps, au contraire, est-il sec ? une germination provoquée peut être fatale à la plante, le réveil de la graine se trouve arrêté dans un sol privé de fraîcheur, le germe souffre et même sèche sur pied si la sécheresse se prolonge; on est alors obligé de recourir à de nouvelles semailles. Enfin, la semence humectée, n'admettant pas de retard pour être déposée dans le sol, on risque de la voir fermenter si un temps pluvieux empêche de semer : l'usage de faire tremper la semence pour hâter la germination offre donc, en réalité, plus d'inconvénients que d'avantages.

f. Époque des semailles.

L'époque des semailles varie suivant que les plantes peuvent ou non supporter un certain degré de froid pendant leur première végétation. Dans le premier cas, on sème en automne; dans le second cas, au printemps, quand les gelées sont passées. L'époque des semailles se détermine encore par l'état du sol et de la température.

Pour toute espèce de plantes, il importe de saisir le moment favorable où l'état du sol concorde avec la nature de la plante qu'on veut cultiver. Ainsi, le maïs, les haricots, l'orge, le sarrasin, etc., préfèrent, pour leur premier développement, un sol sec et déjà échauffé par la chaleur solaire; le blé, l'avoine, le colza, etc., au contraire, lèvent mieux dans un sol un peu frais : la réussite de la récolte dépend souvent de l'heureuse rencontre de ce moment favorable.

L'état de la température au moment des semailles exerce aussi une influence sensible sur la levée des plantes ; mais comme cette circonstance atmosphérique échappe à l'action de l'homme, il est sage, lorsque l'époque des semailles est arrivée, de ne pas trop les différer, dans l'espoir d'un temps plus favorable : un temps contraire et une préparation insuffisante du terrain peuvent seuls légitimer le retard des semailles ; celles qui sont faites de bonne heure, surtout pour les grains d'hiver, donnent, en général, les meilleurs résultats.

Les terres argileuses doivent être ensemencées avant les sols sablonneux et calcaires ; il en est de même des terrains pauvres, ils doivent être ensemencés d'autant plus tôt, qu'ils sont moins pourvus d'engrais.

Plus le climat est froid et humide, plus l'ensemencement doit être précoce pour les semailles d'hiver.

g. **Profondeur à laquelle la semence doit être enterrée.**

Chaque graine doit être enterrée à une profondeur déterminée pour se trouver dans les conditions de chaleur, d'humidité et d'oxygénation nécessaires à sa germination ; cette profondeur varie suivant chaque espèce de plantes qu'on cultive, suivant la nature du terrain, celle du climat et l'époque des semailles. Il est impossible de préciser, d'une manière absolue et pour tous les cas, la profondeur à laquelle il convient d'enterrer la semence, on peut seulement se guider par les données suivantes :

Plus le terrain est argileux, moins la semence doit être enterrée profondément ; c'est le contraire dans les terrains sablonneux.

Plus la saison ou le climat est chaud, plus la semence doit être enterrée profondément ; on peut, au contraire, l'enterrer superficiellement si le climat est humide ; en général, la graine doit être enterrée plus profondément au printemps qu'en automne.

Les semences très-menues, comme celles du trèfle, de la luzerne, de la lupuline, de l'œillette, etc., veulent être enterrées très-superficiellement ; dans un climat humide on peut même se dispenser de les enterrer, il suffit souvent de passer le rouleau sur la graine répandue à la surface du sol pour assurer sa germination. La semence, enfin, doit être enterrée d'autant moins profondément, qu'elle met moins de temps à lever.

h. **Différentes manières de répandre la semence et de l'enterrer.**

Dans les habitudes de la culture on répand la semence principalement de deux manières : à la volée et au semoir. La première est la plus usitée et la plus expéditive ; elle exige une grande habileté pour que la semence soit également répartie sur toute la surface du champ; sous ce dernier rapport elle est inférieure au semoir. La semence répandue à la volée peut être enterrée avec la charrue, avec la herse ou avec l'extirpateur.

Quand la semence est enterrée à la charrue, on la dit semée *sous raie;* ce procédé réussit dans les terrains très-légers et dans les climats secs; mais, de la sorte, une partie de la semence est enfouie à une trop grande profondeur, lève inégalement ou même ne lève pas; les plantes, en outre, se trouvent disposées en lignes, et s'affament mutuellement sur un espace de terre trop borné. Quand on répand la semence sur le labour, dont les arêtes sont restées intactes, et qu'on l'enterre par un ou plusieurs coups de herse, on se trouve avoir *semé sur raies;* la semence est enfouie à une moins grande profondeur que lorsqu'on a recouvert à la charrue, mais les mêmes inconvénients d'une semence accumulée sur des lignes trop rapprochées se font sentir. Cette méthode domine encore dans beaucoup de localités. Pour obtenir une meilleure répartition de la semence, il faut faire précéder la semaille d'un coup de herse ou d'un tour de rouleau, et enterrer la graine avec l'extirpateur; c'est le meilleur instrument qu'on puisse employer pour enfouir la semence assez profondément et d'une manière uniforme.

2. TRANSPLANTATION.

Toutes les plantes, en agriculture, n'achèvent pas toujours leur végétation au lieu même où elles l'ont commencée.

Il y a parfois utilité pour le cultivateur à semer en pépinière, à arracher le plant lorsqu'il est parvenu à une certaine croissance pour le transplanter dans une terre bien préparée où il doit compléter son développement.

La transplantation, entre autres avantages, a celui de concentrer les frais de première culture sur un espace restreint et d'économiser ainsi la dépense; elle place le semis dans d'excellentes conditions, analogues à celles qu'on rencontre dans le jardinage et qui assurent sa réussite; elle aide, en outre, à la marche de l'exploitation en laissant plus de temps pour la préparation du sol destiné à recevoir les plants provenant de la pépinière.

Pour que la transplantation réussisse, il faut que le plant soit vigoureux, qualité qu'il n'acquiert qu'autant que la pépinière a été bien préparée et bien fumée, que les plantes, nées des semis, n'ont pas été trop rapprochées les unes des autres, que leur croissance a été rapide et qu'on a eu soin de les tenir nettes de mauvaises herbes; il faut, en outre, que le plant soit arraché avec soin lorsqu'il est parvenu à la grosseur voulue pour la transplantation ; il faut, enfin, qu'au sortir de la pépinière, le plant soit mis avec précaution dans une terre bien préparée et suffisamment pourvue d'engrais.

La transplantation s'effectue de trois manières, à la charrue, à la houe à main, et au plantoir.

La transplantation à l'aide de la charrue est la plus prompte et la plus économique, mais c'est la moins parfaite. Elle consiste à déposer le plant sur la bande de terre renversée par la charrue en laissant plus ou moins d'intervalle entre chaque plant et en espaçant les lignes à une distance déterminée. Par cette méthode, la terre ne presse pas toujours suffisamment les racines et celles-ci se trouvent souvent courbées à leur extrémité, ce qui nuit beaucoup à leur développement.

Quand on se sert de la houe pour transplanter, on ouvre un trou avec cet instrument, on y introduit le plant, on le recouvre en ayant soin de presser, avec le pied, la terre contre le plant. Mais, par cette pratique, si l'on n'apporte pas une grande attention à l'opération, la racine du plant court encore plus de risque d'être courbée à son extrémité que lorsqu'on transplante à la charrue. Le plantoir offre le meilleur moyen de mettre le plant dans les conditions les plus favorables. Le terrain bien labouré et suffisamment ameubli, on y fait passer le rouleau, puis l'instrument appelé *rayonneur* qui trace les lignes sur lesquelles le plant doit être placé. On pratique alors les trous à la distance voulue en se servant d'un plantoir dont la longueur détermine l'écartement entre chaque plant et qui est traversé, dans sa partie supérieure, par une branche transversale qui l'empêche de pénétrer au delà de la profondeur nécessaire; à mesure que les trous sont ouverts, on y dépose le plant en l'appuyant un peu sur le côté; par la pression du pied, on serre la terre contre le plant : cette dernière précaution contribue singulièrement à assurer la reprise.

Il est souvent nécessaire, dans les pays chauds, d'arroser le plant immédiatement après sa transplantation; quand on peut irriguer, on a soin de donner l'eau quelques jours avant l'opération : on met le plant en place lorsque la terre est suffisamment ressuyée pour en permettre l'accès.

3. SOINS GÉNÉRAUX PENDANT LA VÉGÉTATION.

On comprend, sous ce nom, les travaux de sarclage, binage, et buttage qu'on donne aux plantes pendant leur végétation pour hâter leur croissance et favoriser leur développement.

Les plantes croissent d'autant plus vite et se développent d'autant mieux, qu'elles s'emparent plus facilement des principes nutritifs contenus dans le sol et dans l'atmosphère. On sait que l'engrais, en contact avec l'air et sous l'influence simultanée de la chaleur et de l'humidité, se décompose, devient soluble et peut alors servir de nourriture aux plantes. Plus le sol est remué, tout en restant dans les conditions d'humidité et de chaleur, plus l'humus est rendu assimilable, plus les plantes en absorbent et prennent de développement : le binage et surtout les binages répétés et appliqués judicieusement amènent ce résultat.

On sait encore que les mauvaises herbes font sans cesse la guerre au cultivateur. Elles vivent toujours au détriment de la récolte, non-seulement en prenant une partie des principes nutritifs contenus dans le sol, mais aussi en usurpant un espace dont la récolte a besoin pour se bien développer. Par leur présence elles contrarient les plantes utiles dans l'extension de leurs racines, de leurs tiges et de leurs feuilles et les privent, en les dominant, de l'air et du soleil dont toute plante a besoin pour arriver à sa perfection. Le sarclage est le moyen employé pour se débarrasser des mauvaises herbes qui surviennent pendant la végétation des plantes.

Enfin, certaines plantes ont besoin d'une forte couche de terre accumulée à la base de leurs tiges, soit pour se défendre contre les grands vents qui pourraient les renverser, soit pour donner des produits plus abondants : on satisfait à cette condition par le buttage.

a. Binage.

Le binage a pour but d'ameublir le sol autour des plantes en végétation. Il s'effectue à la main ou bien à l'aide de la houe à cheval et quelquefois aussi au moyen de la herse. Le binage à la main, beaucoup plus parfait que celui qui se donne avec la houe à cheval, a l'avantage de pouvoir s'appliquer même à une époque avancée de la végétation, quelle que soit la disposition des plantes sur le terrain. Le travail de la houe à cheval, plus expéditif et moins dispendieux que celui du binage à la main, ne peut s'effectuer que lorsque les plantes se trouvent en lignes et à une distance déterminée; comme il remue seulement l'intervalle qui sépare chaque rangée de plantes, il nécessite l'intervention du binage à la main pour que le pied des plantes soit également ameubli.

Le binage au moyen de la herse est le plus prompt et le plus économique, mais il ne remplace qu'imparfaitement le travail fait à la main ou avec la houe à cheval.

Les binages, indépendamment de leur action sur l'engrais contenu dans le sol, font profiter les plantes des vapeurs humides répandues dans l'atmosphère et impriment ainsi une vive impulsion à la végétation : ils sont d'autant plus nécessaires, que le terrain est plus compacte et que la sécheresse est plus forte.

b. Sarclage.

Le sarclage proprement dit consiste à détruire avec la main les mauvaises herbes qui croissent parmi les plantes cultivées : le hersage, le binage et le buttage sont encore d'excellents moyens pour faire périr les mauvaises herbes et assurer aux récoltes l'espace et la nourriture auxquels elles ont droit.

Le sarclage, pour atteindre son but, doit être appliqué lorsque les mauvaises herbes n'ont pas encore pris un grand développement; il se pratique avec facilité lorsque la terre, sans être humide, conserve encore assez de fraîcheur pour que les plantes soient aisément arrachées par l'instrument; on ne doit jamais l'effectuer par un temps humide, sous peine de pétrir la terre et de voir la plupart des mauvaises herbes reprendre après avoir été détachées du sol. Lorsque le sarclage est fait à la main et dans la première période de la végétation, comme cela a lieu pour le blé, il est avantageux de le faire suivre d'un coup de herse : le terrain se trouve ainsi mieux ameubli et surtout mieux purgé des mauvaises herbes que les ouvriers ont pu enfoncer dans le sol avec leurs pieds après les avoir arrachées.

Le nombre des binages et des sarclages est moins essentiel que leur opportunité, on ne peut le déterminer mathématiquement; il faut y revenir aussi souvent que la terre s'infeste de mauvaises herbes et jusqu'à ce que la récolte soit assez vigoureuse pour étouffer, par sa propre végétation, toutes les plantes adventices.

c. Buttage.

Le buttage est une opération qui consiste à accumuler de la terre meuble au pied des plantes parvenues à un certain degré de végétation.

Le buttage se fait à la main ou à l'aide du buttoir; ce dernier procédé, beaucoup plus parfait et plus expéditif que celui qui se pratique avec la main, est infiniment plus économique.

Le buttage, en plaçant les plantes au milieu d'une couche de terre plus considérable, met à leur disposition une plus grande quantité de principes nutritifs; il favorise d'une manière spéciale le développement de leurs parties souterraines et y maintient la fraîcheur; il contribue aussi énergiquement à la destruction des mauvaises herbes et, dans certains cas, préserve les plantes du froid.

Le moment le plus favorable pour appliquer le buttage est celui où les plantes ont pris assez de développement pour que leur tige ne soit pas entièrement couverte par la terre jetée à droite et à gauche par les deux versoirs.

On reconnaît que l'opération du buttage a été bien faite lorsque la terre, relevée des deux côtés de l'ados, ne forme qu'une arête au sommet, laissant passer la partie supérieure de la tige. Dans certaines circonstances déterminées par la végétation des plantes, l'opération du buttage s'effectue en deux fois. La première fois on écarte beaucoup les versoirs et on ne pénètre qu'à une petite profondeur; la deuxième fois, c'est-à-dire après un intervalle de dix ou quinze jours, suivant la marche de la végétation, on rapproche davantage les versoirs et l'on pénètre plus avant : l'opération est alors complète.

Le buttage ne doit être appliqué que lorsque le sol est en état de le recevoir ; il faut que la terre, ni trop sèche, ni trop humide, se laisse aisément entamer et pulvériser, condition essentielle pour le succès du buttage et la prospérité des plantes.

4. TRAITEMENT ET CONSERVATION DES PRODUITS.

Tout ce qui concerne la récolte est de la plus haute importance pour le cultivateur. Elle est le but et la récompense de son labeur; encore un effort et il va recueillir le fruit de toute une année de sollicitude et de peines. Un bon choix d'ouvriers, en nombre suffisant pour la tâche qu'ils auront à accomplir, une habile distribution du temps et des travaux, l'opportunité des opérations, leur bonne et rapide exécution, une surveillance sans relâche, sont les meilleurs moyens de dominer les circonstances qui parfois contrarient la récolte et de la faire rapidement et économiquement. Mais rien, ici, ne supplée l'expérience d'un praticien actif et consommé dans son art; son coup d'œil exercé, son sang-froid, sa diligence à saisir l'instant le plus favorable pour telle ou telle opération, son habitude du commandement, la justesse de ses combinaisons, sont autant de qualités pour lesquelles un apprentissage pratique est absolument nécessaire.

On comprend, en général, sous le nom de récolte toutes les opérations qui ont pour objet de séparer les plantes du sol, de mettre leurs produits en état d'être déposés en magasin et d'y rester plus ou moins longtemps.

Toutes les plantes qui sont l'objet de l'agriculture ne se récoltent pas à la même époque de leur végétation. Les unes, comme les céréales, se récoltent lorsque la maturité du grain est achevée ou du moins sur le point d'être complète. D'autres, telles que les fourrages, se récoltent quand elles sont sur le point de fleurir ou même en fleur. Pour plusieurs, comme les récoltes-racines, la récolte a lieu quand leurs produits souterrains ont atteint leur plus grand développement.

Chaque catégorie de plantes exige donc, pour sa récolte, un traitement particulier dont l'exposé rentre nécessairement dans les détails de la cul-

ture spéciale des plantes; seulement, quelques
notions générales relatives aux travaux de fauchage et de sciage, à la disposition des produits,
à leur mise en meules ou en greniers, à leur battage, à leur nettoiement et à leur conservation,
ont besoin d'être signalées, car elles trouvent
leur application dans le plus grand nombre des
cas : elles vont être rapidement passées en revue.

a. Fauchage et sciage.

Beaucoup de plantes agricoles sont séparées du
sol par la faux ou la faucille. La faucille est moins
pénible à manier que la faux; elle permet d'employer des femmes, des jeunes gens et jusqu'à des
vieillards, tandis que la faux exige le concours
d'hommes robustes et habiles. Celle-ci, en revanche, expédie plus d'ouvrage que la faucille, rase
de plus près le sol, et partant, procure une plus
grande quantité de litière ou, du moins, économise les frais d'un second fauchage quand on veut
recueillir le chaume resté sur pied. La faux, toutefois, ne peut pas être employée partout ni dans
toutes les circonstances; elle fonctionne mal dans
les terrains très-pierreux et lorsque les récoltes
sont versées : dans ces deux cas, il est préférable
de recourir à la faucille, ou mieux encore, à la
sape, petite faux particulière, avec laquelle l'ouvrier coupe, de la main droite, la gerbe qu'il a
rassemblée avec le crochet dont sa main gauche

est armée. La sape, maniée par des mains exer-
cées, même par celles des jeunes gens, expédie moitié plus d'ou-vrage que la faucille; elle coupe
très-près du sol et ne fait qu'un tiers en moins de besogne que la faux : elle mériterait d'être géné-ralement adoptée.

b. Dessiccation des produits.

Les plantes, après avoir été coupées, exigent un temps plus ou moins long pour que l'humidité dont elles sont chargées s'évapore; cette humidité, tant qu'elle subsiste à un certain degré, ne permet pas d'engranger la récolte; elle compromettrait sa conservation si on l'emmagasinait en cet état.

Les procédés de dessiccation varient suivant les différentes espèces de plantes qu'on a récoltées; l'air et la chaleur sont les deux grands moyens employés à cet effet.

Pour les céréales, la dessiccation se fait en javelles ou en gerbes. Par la première méthode, on laisse la récolte sur terre pendant un certain temps avant de la mettre en gerbes et de la lier; par la seconde, on lie aussitôt après avoir coupé : il faut pour cela que la récolte contienne peu d'herbe, que la maturité soit très-avancée et qu'on opère sous un climat chaud.

Les gerbes sèchent d'autant plus vite, qu'elles sont moins volumineuses et qu'elles ont été liées par un temps plus sec; même dans ces conditions, il est préférable de les laisser se ressuyer un peu sur le sol avant de les rentrer.

La disposition des gerbes qu'on veut faire sécher est loin d'être partout la même. Dans certaines localités, on les place en croix les unes sur les autres; ailleurs, on les dresse en cônes présentant l'aspect d'une toiture à deux pans; dans certains endroits, on met la récolte en moyettes, c'est-à-dire qu'on prend une première gerbe, on la place debout et autour de ce point central on dispose un certain nombre d'autres gerbes circulaires, inclinées légèrement à leur partie supérieure; un lien commun assure leur fixité; on recouvre le tout d'un chapeau formé par une gerbe fortement liée dont les épis regardent le sol : cette méthode mérite incontestablement la préférence dans les climats pluvieux.

La dessiccation la plus usitée pour les fourrages artificiels est celle-ci :

Les plantes fauchées restent ordinairement en andains pendant quelque temps ; on les retourne quand elles ont subi un commencement de dessiccation ; dès que celle-ci est parvenue à un certain degré, on met le fourrage en meulons; il passe la nuit en cet état et y achève de fermenter :

il suffit alors de l'exposer pendant quelque temps à l'air pour compléter sa dessiccation.

Le fanage des prairies naturelles s'opère de la même manière, avec cette différence essentielle qu'on éparpille l'herbe au lieu de se contenter de retourner les andains quand leur surface a subi un commencement de dessiccation.

Le fourrage, de quelque nature qu'il soit, ne doit jamais passer la nuit autrement qu'en tas lorsque les andains ont été déjà retournés; on les ouvre lorsque la rosée du matin est complétement dissipée.

Ces procédés de dessiccation se modifient suivant que le climat est plus ou moins chaud : le point essentiel est d'obtenir une dessiccation rapide, complète sans être exagérée, et de laisser le moins possible de débris sur le sol.

c. Mise en meule ou en grange.

Les récoltes, particulièrement celles des céréales, sont rarement battues aussitôt après leur dessiccation; le plus souvent on en forme des meules provisoires ou définitives, ou bien on les engrange avant d'en extraire le grain.

Deux points essentiels dans cette opération sont à observer : il importe d'abord de n'enlever la récolte que lorsqu'elle est suffisamment sèche; il faut, en outre, la disposer dans la grange ou en meules, de telle sorte qu'elle s'y conserve bien :

les précautions, à cet égard, doivent être d'autant mieux prises et mieux observées, que la récolte doit rester plus longtemps à l'état de dépôt.

d. Battage.

On détache les grains de leurs épis à l'aide du fléau, par les pieds des animaux, par des rouleaux ou bien au moyen de machines.

Le battage au fléau est très-pénible ; il est aussi fort dispendieux, par suite du petit nombre de gerbes qu'un ouvrier vigoureux peut battre dans l'espace d'une journée et de la quantité de grains qu'il laisse dans les épis. C'est le procédé le plus répandu en France : entre autres avantages, il présente celui de conserver la paille intacte et de s'effectuer pendant la morte saison.

Le battage par les pieds des chevaux ou le dépiquage n'est en vigueur que dans les contrées méridionales ; par ce procédé, on expédie plus de besogne qu'avec le fléau lorsque le temps est sec et la température élevée, et que l'attelage est bien conduit, mais il est loin d'être aussi économique qu'on le croit généralement. Il ne soustrait pas la récolte aux intempéries de l'atmosphère quand l'opération est contrariée par le mauvais temps ; il laisse une partie des grains dans les épis ; il a surtout l'inconvénient grave d'introduire au sein de l'exploitation des étrangers à la discrétion desquels on est à peu près livré pendant tout le temps du dépiquage; c'est pourquoi, dans les contrées où il se pratique, on regarde comme un progrès de lui substituer le battage au rouleau.

Ce procédé s'effectue à l'aide d'un ou de plusieurs rouleaux en pierre, de forme un peu conique, traînés ordinairement par des bœufs. Ce serait peut-être le mode de battage le plus économique et le mieux approprié aux climats méridionaux, s'il n'avait, comme le dépiquage, l'inconvénient d'employer les attelages dans la saison la plus chaude de l'année et par le soleil le plus ardent, à une époque où la population vient d'éprouver les fatigues de la moisson et où il faudrait réserver les bêtes de trait pour le déchaumage et la préparation des terres.

Quoi qu'il en soit, le rouleau appliqué au battage est un véritable progrès pour le midi de la France : il expédie autant d'ouvrage, il ménage mieux la paille et extrait le grain des épis aussi bien que les pieds des animaux; il ne le cède en réalité qu'aux machines à battre.

Celles-ci réunissent toutes les conditions voulues pour un battage prompt et économique : elles permettent de choisir la saison et le temps le plus favorables pour opérer le battage; elles remplacent les hommes vigoureux qu'exige le battage au fléau par des femmes et de simples ouvriers; elles laissent très-peu de grains dans les épis; elles expédient beaucoup d'ouvrage en très-peu de temps, aussi rendent-elles d'importants services dans les grandes exploitations. La seule objection contre la généralisation de leur emploi consiste dans un mécanisme très-compliqué qui nécessite l'intervention d'un ouvrier spécial, si quelque pièce vient à se déranger et dans le prix d'acquisition et de montage qui ne laisse pas d'être dispendieux : les petites machines portatives, battant de 10 à 15 hectolitres par jour, remédient, en partie, à ces inconvénients; leur incontestable utilité devrait en propager l'usage dans la moyenne propriété.

c. Nettoiement de la récolte.

Le grain battu doit subir une préparation préliminaire, celle du nettoiement, avant d'être mis en magasin.

Le procédé le plus ancien et le plus simple consiste à jeter le grain contre le vent, au moyen d'une pelle; les corps étrangers légers avec lesquels il se trouve mélangé s'en séparent en tombant loin de lui. Ce moyen est fort usité dans les contrées où l'on bat en plein air. Ailleurs, l'opération s'exécute dans l'intérieur des bâtiments; à l'aide d'un *van*, au-dessus duquel l'air est agité par le coup de main de l'ouvrier, on purge le grain des matières légères qui y sont mêlées. Mais il est rare que ce premier nettoiement suffise pour débarrasser le grain de tout corps étranger; le calme de l'air est d'ailleurs un obstacle qui se

prolonge parfois pendant plusieurs jours; le plus
souvent on est obligé de recourir au tarare pour

achever l'opération. Cet instrument indispensable
produit une ventilation très-énergique, à l'aide
de laquelle il chasse les corps légers par une ouverture supérieure, tandis que le grain tombe sur
une trémie, éprouvant un mouvement continu de
va-et-vient, et s'entasse sous la machine.

Le tarare contribue puissamment à débarrasser
le grain de toutes matières étrangères, mais il
faut encore compléter son action par celle du
crible ou, mieux encore, par le *trieur Vachon*
quand on veut se procurer une semence pure de
toute mauvaise graine. Ce surcroît de travail et
de dépense est largement compensé par l'écono-

mie de sarclage qu'apporte avec elle une semence bien nettoyée, qui ne se compose que de grains bien nourris et sans mélange de mauvaises graines.

f. **Conservation de la récolte.**

C'est dans les greniers qu'en France on dépose les grains battus. Pour qu'ils s'y conservent bien, ils doivent réunir les conditions suivantes :

Ils doivent être à l'abri de l'humidité; l'air doit pouvoir circuler librement dans les greniers au moyen d'ouvertures ménagées de manière à produire, à volonté, des courants d'air à la surface des grains : ces ouvertures doivent être défendues par des grillages en fer pour interdire tout accès aux rats et aux oiseaux. Le plancher doit être formé de planches bien jointes; les murs intérieurs doivent être entretenus sans fentes ni crevasses et recrépis de temps à autre.

Le grain doit être étendu dans le grenier en couches minces ne dépassant pas d'abord 12 à 15 centimètres de hauteur, brassé et remué plusieurs fois par semaine; lorsqu'il est bien sec, on peut élever le tas jusqu'à 60 centimètres de hauteur et se contenter alors de le remuer une fois par mois.

Les graines oléagineuses étant très-sujettes à s'échauffer dans les premiers temps qui suivent le battage, la précaution de les étendre en couches minces dans le grenier leur est surtout applicable; les récoltes-racines se conservent en caves ou en silos.

Les fourrages se conservent dans les fenils ou dans les meules; celles-ci, bien faites, sont même préférables aux fenils. Non-seulement avec elles on évite des frais de construction et d'entretien coûteux, mais encore le foin se conserve mieux que dans les fenils où les parois des murs, le contact du toit en font avarier une partie; elles présentent seulement moins de facilité pour la distribution journalière des fourrages que lorsque le foin est serré dans des bâtiments.

Quel que soit, du reste, le mode qu'on préfère, le foin ne se conserve bien qu'autant qu'il est bien tassé et qu'il ne reste pas de vide dans l'intérieur. L'usage adopté, en certains endroits, de ménager des ouvertures ou cheminées dans les meules, est tout à fait vicieux et doit être rejeté; les fourrages se conservent d'autant mieux, que l'air y a moins d'accès.

CHAPITRE VII.

CULTURE SPÉCIALE DES PLANTES.

1. CÉRÉALES.—2. LÉGUMES FARINEUX.—3. RÉCOLTES-RACINES.
—4. PLANTES COMMERCIALES.—5. RÉCOLTES FOURRAGÈRES.

Toutes les plantes dont s'occupe l'agriculture peuvent être rangées sous les dénominations suivantes : les céréales, les légumes farineux, les récoltes-racines, les plantes commerciales comprenant les plantes oléagineuses, les plantes textiles, les plantes tinctoriales, la cardère, le safran, etc. ; enfin les récoltes fourragères.

1. CÉRÉALES.

Cette classe renferme le blé, l'épeautre, le seigle, l'orge, l'avoine, le maïs, le millet, le sorgho et, aussi par extension, le sarrasin, c'est-à-dire les plantes les plus précieuses pour l'homme, celles auxquelles il emprunte presque partout sa nourriture principale.

A l'exception du sarrasin, toutes appartiennent à la famille des graminées. Elles sont annuelles et bisannuelles. Une partie de leurs racines s'étend près de la surface du terrain, ce qui n'empêche pas les autres de plonger assez avant dans le sol quand elles rencontrent une couche végétale profondément ameublie et suffisamment riche. Elles forment naturellement des touffes et se multiplient en tallant, c'est-à-dire que leurs nœuds inférieurs émettent de nouvelles racines, d'où sortent de nouvelles tiges, lorsqu'on les recouvre d'une terre meuble et que l'on contrarie la croissance verticale de la plante.

Les céréales viennent dans la plupart des terrains et sous des climats très-divers; elles résistent aussi à une culture négligée, mais leur produit est toujours en raison directe de la convenance du sol, du climat et des soins dont elles ont été l'objet. Leur grain renferme, en proportions variables, deux substances essentielles pour l'alimentation de l'homme, le gluten et l'amidon. La valeur nutritive du grain est déterminée par la quantité de gluten qu'il contient; plus il est riche de cette substance, moins il nécessite d'aliments supplémentaires pour l'entretien de la vie. Le poids du grain est un moyen plus sûr que son volume pour apprécier sa valeur nutritive.

Suivant que les céréales ont la faculté de supporter ou non la rigueur de l'hiver, on les distingue en céréales d'automne et en céréales de printemps.

Selon la saison et l'état de la température, les céréales lèvent plus ou moins vite, mais dans tous les cas elles doivent lever uniformément et présenter une bonne couleur.

Après la levée, plus la tige émet de pousses

latérales du nœud qui surmonte la racine, plus elle annonce de vigueur; en général, on aime que l'hiver la trouve ayant déjà tallé.

Quelque long et rigoureux que soit le froid en hiver, les céréales abritées sous une couche de neige n'en souffrent nullement; les semailles au contraire sont fortement éprouvées par les alternatives du chaud et du froid, principalement dans les terrains humides; c'est surtout alors qu'on se trouve bien d'avoir tenu le sol égoutté.

Les alternatives de gelée et de dégel exposent les céréales à être tour à tour noyées et déchaussées; la plante résiste d'autant mieux à ce grave inconvénient, qu'elle est plus touffue et plus vigoureuse; toutefois, il est bien rare d'obtenir une bonne récolte en pareille circonstance.

Les céréales, fatiguées par l'hiver et devenues claires, réclament au printemps un hersage vigoureux lorsque le terrain est suffisamment ressuyé; mais si les plantes ont été déchaussées, ce n'est plus la herse qu'il faut employer, c'est le rouleau.

Au moment de la floraison, les céréales de belle venue doivent présenter une surface uniforme au sommet de leurs épis. A cette époque elles sont sujettes à *couler* lorsque des pluies prolongées viennent contrarier l'acte de la fécondation.

Enfin, pendant le cours de leur végétation, les céréales sont encore exposées à verser et à être atteintes du charbon, de la rouille et du miellat.

Le versage des céréales est occasionné, la plupart du temps, par une semaille trop épaisse, des labours trop superficiels et une forte fumure directe qui, gorgeant la plante d'une séve aqueuse et la faisant pousser trop rapidement en hauteur, empêche les tiges de prendre assez de consistance à leur base pour résister. Le meilleur moyen de prévenir cet accident consiste à ne pas semer trop épais et surtout à donner des cultures suffisamment profondes et à ne pas placer les céréales sur une fumure immédiate : le versage résulte souvent aussi de pluies abondantes ou prolongées ; ses conséquences sont d'autant plus fâcheuses, que la plante est moins avancée vers sa maturité.

Le charbon est occasionné par un cryptogame parasite qui attaque le grain et souvent le détruit entièrement en le remplissant d'une poussière noire, inodore : on s'en préserve à l'aide du sulfatage [1].

La rouille est due à un champignon qui envahit principalement les feuilles et les tiges des céréales, croît à leurs dépens et les couvre d'une poussière jaunâtre.

Le miellat, ainsi que son nom l'indique, est une espèce de liqueur sucrée qui apparaît tout à coup à la surface herbacée des plantes et nuit à leur développement ; il coïncide presque tou-

1. Voyez plus loin, à l'article *Froment*, la manière de procéder au sulfatage.

jours avec un changement brusque de température.

Jusqu'ici, on n'a point trouvé de remède à opposer à ces deux dernières maladies.

La dessiccation des céréales s'opère de plusieurs manières. Dans les climats secs, on peut
les mettre en meule vingt-quatre heures après
que les gerbes ont été exposées au soleil; dans les
climats humides, les gerbes, avant d'être emmeu-
lées ou mises en grange, demandent une dessiccation préalable sur le terrain. On laisse d'abord
la récolte en javelle jusqu'à ce que les herbes
qu'elle contient soient suffisamment sèches et
que l'humidité de la paille soit en partie évaporée; on la lie ensuite en gerbe. Les gerbes
sèchent d'autant plus vite, qu'elles sont plus petites et que le temps est plus sec. Pour préserver
les gerbes de l'humidité, on les met les unes sur
les autres en croix ou en dizeaux, ou bien on
les dispose en moyettes, c'est-à-dire qu'on range
circulairement un certain nombre de gerbes autour d'une botte centrale, les épis étant placés en
haut; le tout est recouvert d'une botte renversée
faisant l'office d'un capuchon et fixée par un lien :
l'usage des moyettes devrait être adopté partout
où un climat pluvieux fait craindre pour la bonne
rentrée des céréales.

a. Froment.

Le froment est la plus importante des céréales ; c'est celle qui, sous le moindre volume, contient le plus de substances nutritives ; son prix sert, en général, de régulateur à la plupart des autres denrées alimentaires. On connaît un grand nombre de variétés de froment ; toutes se rapportent à deux grandes classes : les blés tendres et les blés durs qu'on distingue encore subsidiairement en blés barbus et en blés sans barbes. Sous l'influence du sol, du climat et de la culture, ces variétés sont susceptibles de nombreuses modifications et peuvent, en quelque sorte, être transformées les unes dans les autres et cela d'autant plus vite, que le sol auquel elles sont confiées leur est moins propre ; toutes peuvent devenir alternativement blés d'automne ou de printemps.

Le froment préfère, à tout autre, un sol consistant et frais ; les terrains argilo-calcaires suffisamment pourvus d'humus sont ceux où il réussit le mieux et où il donne les produits les plus estimés : plus le climat est chaud, plus la condition d'un sol argileux est nécessaire ; plus le climat est humide, moins le sol a besoin d'être lié.

La préparation à donner au sol destiné à porter du froment dépend de la place que celui-ci occupe dans la rotation. Sur jachère, le blé se trouve confié à un terrain qui a reçu trois et souvent quatre labours. Après du colza, des pois, des fèves ou des vesces, le sol est ordinairement préparé par deux labours; il est rare qu'on donne plus d'un labour quand le blé succède à du chanvre, du tabac ou des pommes de terre; sur un trèfle rompu un seul labour suffit : les façons complémentaires, si le sol en réclame, doivent s'effectuer avec la herse, le scarificateur et le rouleau, mais non avec la charrue. Sur défrichement de luzerne ou de sainfoin, le sol doit être préparé par plusieurs labours : quel que soit, du reste, le procédé qu'on emploie, il importe surtout de donner le dernier labour trois semaines ou un mois avant la semaille, car celle-ci ne réussit jamais mieux que dans un sol *repris*, meuble à sa surface.

Le choix de la semence est de la plus haute importance pour le froment. En effet, outre les maladies auxquelles il est sujet comme les autres céréales, son grain est encore attaqué par une affection spéciale connue sous le nom de *carie*; celle-ci est héréditaire; elle passe dans la tige et arrive jusqu'au grain dont elle décompose la farine en la changeant en une poussière noire et fétide. Pour préserver le blé de la carie on emploie souvent la chaux; mais le procédé le plus efficace jusqu'ici est le sulfatage recommandé par Mathieu de Dombasle.

« On fait dissoudre, dit-il, 8 kilogrammes de

sulfate de soude (*sel de Glauber*) par hectolitre d'eau. D'un autre côté, on réduit une certaine quantité de chaux en poudre en la faisant fuser.

« Lorsqu'on veut opérer, on verse un hectolitre de froment au milieu d'une pièce dont le sol est formé de carreaux, de dalles ou de ciment; trois personnes, armées de pelles de bois, agitent et retournent vivement le tas pendant que la personne qui dirige l'opération y verse, à diverses reprises, autant de solution de sulfate de soude que le grain peut en absorber. Cela exige ordinairement 6 ou 8 litres de solution par hectolitre de grain; mais on ne doit pas la mesurer, et l'on ne cesse d'en ajouter, que lorsqu'on reconnaît qu'une plus grande quantité de liquide s'écoulerait hors du tas. Tous les grains doivent être alors uniformément humectés sur toute leur surface, sans qu'un seul ait échappé à son action. Alors le chef, sans perdre un instant, prend une écuelle de chaux et la répand successivement sur toutes les parties du tas, pendant que les ouvriers le retournent avec activité dans tous les sens. Il en ajoute successivement jusqu'à la quantité de 2 kilogrammes et les ouvriers continuent de brasser le tas jusqu'à ce que tous les grains soient exactement couverts de chaux. L'opération est alors terminée pour cet hectolitre de froment; on le rejette dans un des coins de la pièce, pour verser à sa place un autre hectolitre, sur lequel on opère de même.

« L'efficacité du procédé de sulfatage dépend essentiellement de deux circonstances : **la première**, que le mélange du froment d'abord **avec** la solution du sulfate, ensuite avec la chaux, ait été parfait; la seconde, que la chaux ait été mélangée au moment même où les grains de froment étaient mouillés de la solution saline. Dans la pratique, on obtient aisément ces deux conditions si on y apporte quelque soin. Le froment ainsi sulfaté paraît sensiblement sec peu de **temps** après, et il peut se conserver en tas pendant plusieurs jours sans s'altérer; toutefois, si l'on craignait qu'il s'échauffât, on pourrait le remuer en changeant le tas de place. »

Le sulfatage *par aspersion*, décrit par Mathieu de Dombasle, laisse quelque chose à désirer, tous les grains arrosés ne sont pas en contact **avec** la liqueur préservatrice. Afin qu'aucun d'eux n'échappe à son action, il vaut mieux employer le sulfatage *par immersion*. On remplit aux deux tiers un cuvier contenant le sulfate de soude en dissolution; on y verse le blé; on écume tous les grains légers qui flottent à la surface et l'on brasse en même temps la semence couverte par le liquide; quand elle est suffisamment imprégnée, on la retire du cuvier, on la dépose en tas en ayant soin de la saupoudrer de chaux pour hâter sa dessiccation.

L'époque des semailles, pour le froment, ne peut être déterminée d'une manière absolue, elle dépend du climat, de l'état du sol, de sa richesse et de la variété de blé qu'on cultive. Ces diverses circonstances déterminent encore la quantité de grains à employer pour la semaille : la proportion moyenne, en France, est de 2 hectolitres par hectare.

D'après la consistance du sol, on enterre la semence, tantôt avec la herse, tantôt avec le scarificateur, quelquefois aussi, dans les terres légères, on l'enfouit sous raie par un léger trait de charrue.

Les façons qu'exige le froment, pendant sa végétation, sont fort simples. Aussitôt après les semailles, on tire des raies d'écoulement à travers la pièce, afin que l'eau n'y séjourne nulle part. Au printemps, dès que le sol est suffisamment ressuyé et que l'atmosphère est déjà réchauffée, on applique un hersage énergique aux terres argileuses dont la surface a été battue par les pluies de l'hiver ou se trouve crevassée : cette excellente pratique a pour but non-seulement de rompre la croûte du sol, mais encore de détruire les mauvaises herbes et de porter de la terre meuble sur les racines coronales du blé et de favoriser ainsi le tallement des plantes. Sur les terres moins fortes, on peut se contenter d'un hersage donné avec une herse en bois ; dans les terres sujettes à être soulevées par les gelées, au lieu de la herse, on emploie le rouleau pour raffermir le sol.

Le hersage détruit la plupart des mauvaises

herbes, mais il ne suffit pas toujours pour en débarrasser entièrement le champ, il faut souvent encore recourir au sarclage à la main pour en avoir tout à fait raison; l'opération finie, il est bon de faire passer une deuxième fois la herse dans le champ piétiné par les ouvriers; le froment n'en pousse qu'avec plus de vigueur. Il arrive parfois que le blé, semé dans un sol très-riche et excité par une température extraordinaire, s'emporte au printemps de manière à faire craindre que la récolte, plus tard, ne vienne à verser; on tempère cet excès de végétation luxuriante, en *effiolant* le blé, c'est-à-dire en retranchant avec la faux ou la faucille la sommité des tiges sans entamer le cœur de la plante : cette opération délicate ne doit être exécutée que lorsque la nécessité l'exige impérieusement et toujours par un temps doux.

La maturité du blé s'annonce par la couleur jaune de la plante et par l'inclinaison de l'épi sur la tige. Le moment précis auquel il convient de couper le blé dépend de l'usage auquel on le destine. S'il doit être livré au commerce, il convient de le couper lorsque le grain n'est plus laiteux et que la farine qu'il contient s'écrase, comme une pâte, sous la pression des doigts; la règle générale, dans ce cas, est de hâter plutôt que de retarder la récolte : de nombreuses expériences ont prouvé que le blé coupé ainsi un peu *sur le vert* acquiert plus de qualité pour la vente que celui qu'on a laissé trop mûrir; ce dernier, indépendamment de sa disposition à s'égrener, est encore sujet à se racornir; l'autre, au contraire, est lisse et renferme une belle farine blanche : on ne doit récolter, à sa parfaite maturité, que le grain destiné à servir de semence.

Les accidents de température réservés, le rendement du blé est toujours en raison directe de la fertilité du sol et des soins qu'on a donnés à la plante.

b. Blé de printemps.

Le blé de printemps n'exige pas une terre aussi forte que le blé d'automne, il réussit dans les terres de consistance moyenne, pourvu qu'elles soient fraîches et surtout en bon état de fertilité.

Il veut un sol parfaitement ameubli et net de mauvaises herbes; il réussit mieux sur pommes de terre que le blé d'automne. Il demande à être semé de très-bonne heure au printemps. On doit le semer plus épais que le blé d'automne. Sa réussite, du reste, dépend beaucoup des circonstances atmosphériques, c'est-à-dire des alternatives d'humidité et de chaleur que réclame sa végétation, c'est pourquoi sa culture ne convient pas dans les climats secs.

c. Épeautre.

L'épeautre se distingue du froment par l'adhérence de sa balle avec le grain, adhérence telle, qu'elle ne cède pas à l'action du fléau, mais seulement à celle de la meule; cette circonstance contribue à restreindre sa culture.

On connaît deux variétés d'épeautre, l'une à grains rouges et l'autre à grains blancs, la première est préférée; toutes deux peuvent être munies de barbes ou sans barbes et devenir réciproquement céréales d'automne ou de printemps.

La culture de l'épeautre est celle du froment.

L'épeautre se contente d'un sol plus léger, plus sec et moins riche; elle n'est pas difficile sur sa place dans la rotation. Elle ne craint pas une semaille tardive; semée avec sa balle, elle exige le double de semence que le froment, mais aussi elle rend deux fois plus.

L'épeautre est moins sujette aux maladies que le froment.

d. Seigle.

Le seigle est la céréale par excellence pour les terres sablonneuses, il vient même dans les sols qui contiennent jusqu'à 85 pour 100 de sable: proportion gardée, il est moins exigeant que le froment sur la richesse du sol, il le laisse plus propre et l'épuise moins.

Le seigle réussit bien après des pois, des vesces, des fèves et sur trèfle rompu, pourvu que le terrain soit libre de bonne heure ; il jouit aussi de la propriété de se succéder impunément à lui-même pendant plusieurs années.

Le seigle veut une terre bien ameublie. Il est d'expérience qu'il ne réussit jamais mieux que sur un vieux labour et lorsque la semaille a eu lieu de bonne heure et par un temps sec. La semence doit être enterrée légèrement. On sème à peu près dans la même proportion que pour le froment.

Le seigle talle avant l'hiver et monte rapidement avec les premières chaleurs.

Il n'est pas d'usage de herser le seigle au printemps, rarement même on le sarcle ; c'est une faute, s'il en a besoin.

Les gelées tardives et les pluies continues lui sont très-préjudiciables à l'époque de sa floraison, les épis alors blanchissent et les valves restent vides.

Le seigle se récolte dans un état de maturité plus avancée que le froment ; il produit plus de paille que ce dernier.

Le seigle est sujet à une maladie particulière connue sous le nom d'*ergot ;* elle se développe ordinairement dans les années humides. L'ergot, mêlé au pain en certaine proportion, le rend dangereux pour la santé de l'homme.

e. Méteil.

Le méteil, ou mélange de froment et de seigle, se cultive ordinairement dans les terres qui, sans être assez pauvres pour se contenter de seigle, ne sont pourtant pas assez riches pour porter exclusivement du blé.

La propriété caractéristique du méteil est de réussir plus sûrement que le blé ou le seigle semés séparément. On sème le méteil tantôt en mélangeant les deux grains par moitié, tantôt en mettant seulement un tiers de seigle contre deux tiers de froment, si le sol convient mieux à ce dernier qu'au seigle, et *vice versa*.

Le méteil se sème plus tôt que le froment, sa culture est la même que pour cette céréale. Sa réussite est plus assurée que celle du seigle, son rendement est aussi plus considérable.

f. Orge.

De toutes les céréales, l'orge est celle qui mûrit le plus tôt.

Les terres douces d'alluvion lui conviennent particulièrement; celles-ci, sous un climat chaud, doivent avoir une certaine consistance; sous un climat frais, elles peuvent être plus légères; dans tous les cas, l'orge réussit d'autant mieux, que le sol se trouve en meilleur état de fertilité.

L'orge veut un terrain parfaitement ameubli et exempt de mauvaises herbes ; ces dernières lui sont plus funestes qu'à toute autre céréale. Le terrain, pour cette plante, doit donc être préparé avec le plus grand soin. Les engrais décomposés conviennent mieux pour l'orge qu'une fumure fraîche.

Les récoltes sarclées constituent pour elles un excellent précédent.

L'orge demande à être semée de très-bonne heure ; cette condition est d'autant plus impérieuse, que le climat est plus sec.

On sème l'orge dans la proportion de 2 à 3 hectolitres par hectare.

La herse dans les terres fortes, le scarificateur, suivi d'un coup de herse et d'un tour de rouleau dans les terres légères, sont les meilleurs moyens à employer pour enfouir la semence.

Après sa levée, l'orge ne supporte plus les dents de la herse, il faut recourir au sarclage à la main si les mauvaises herbes contrarient sa végétation.

L'orge mûre doit être récoltée sans retard, car elle s'égrène avec une extrême facilité ; on la laisse, en général, pendant quelques jours en javelles sur le sol avant de la rentrer.

Les deux principales espèces d'orge cultivée en France sont l'orge à six rangs ou escourgeon et l'orge distique ou pamelle à deux rangs. La première se sème avant l'hiver, la deuxième au printemps : son grain est fort estimé pour la fabrication de la bière.

L'orge Nampto, variété d'orge à six rangs, très-vigoureuse et très-productive, donne un grain particulièrement propre à la panification.

L'orge est sujette à l'ergot comme le seigle, mais moins fréquemment que cette céréale.

g. Avoine.

L'avoine est la plus rustique de toutes les céréales ; elle s'accommode, en effet, de tous les sols, excepté de ceux qui sont trop secs ; elle se contente des détritus les plus grossiers abandonnés par les autres plantes ; elle réussit sur les défrichements ; elle vient dans les terrains tourbeux suffisamment assainis et résiste mieux que tout autre grain à une préparation incomplète du sol et à un mauvais précédent. Néanmoins elle ne donne de produits considérables que lorsqu'on la place dans un climat plutôt humide que sec et dans un terrain plutôt fort que léger, bien préparé, bien fumé et net de mauvaises herbes ; elle rend d'autant plus, qu'on la cultive avec plus de soin dans un sol fertile.

Sur défrichements et sur marais desséchés, elle peut revenir plusieurs fois de suite sur elle-même ; elle donne souvent de beaux produits après une première céréale ; nulle récolte n'utilise mieux un défriché de trèfle, de sainfoin et de luzerne. Les récoltes sarclées constituent encore pour elle un excellent précédent.

Quand on doit semer l'avoine sur un défrichement ou sur un marais desséché, on prépare le sol par plusieurs labours; sur un trèfle, un seul labour suffit, on ameublit la surface à l'aide de la herse, ou mieux encore, à l'aide du scarificateur et du rouleau.

Suivant les climats, l'avoine se sème avant l'hiver ou au printemps.

Pour l'avoine, dont tous les grains n'acquièrent pas à la maturité un développement suffisant, il est essentiel de bien choisir la semence sous peine de ne voir lever qu'une partie des grains.

On met, en général, de 3 à 4 hectolitres de semence par hectare.

Les semailles faites de bonne heure réussissent mieux, toutes choses égales, que les semailles tardives : cette circonstance contribue singulièrement à donner du poids au grain.

L'avoine semée tardivement lève inégalement, souffre davantage de la sécheresse et reste toujours claire.

La herse dans les terres fortes, le scarificateur dans les terres légères peuvent être employés pour enterrer la semence.

Si le sol emblavé vient à être battu par les pluies au point d'être scellé, on excite la levée de l'avoine en ouvrant le champ par un bon hersage; au contraire, le temps devient-il sec après la semaille, il y a avantage, dans les terres légères, à faire passer le rouleau : le tassement que procure cet instrument favorise la germination de l'avoine et contribue à la faire lever également, conditions essentielles pour les céréales semées au printemps.

Lorsque l'avoine, dans sa première végétation, est envahie par les mauvaises herbes, le hersage ne suffit pas pour dégager la récolte, il faut recourir au sarclage.

Le rouleau sur l'avoine, avant qu'elle ait tallé, a pour effet de retarder le développement en hauteur, de tasser la terre contre les nœuds inférieurs de la plante et de multiplier ses pousses latérales.

L'avoine mûrit inégalement ; pour la récolter, il faut saisir le moment où la majeure partie des grains est mûre, le reste complète sa maturation en javelle.

Le javelage rend l'avoine plus facile à battre ; mais, loin de donner plus de qualité au grain, il le détériore quand on abuse de cette pratique en laissant trop longtemps la récolte étendue sur le sol : on s'expose d'ailleurs à en perdre une partie avant de la rentrer.

h. Maïs.

Le maïs prospère mieux, sous un climat chaud, dans les terres fortes que dans les terres légères; dans ce cas, les sols argilo-calcaires profonds et riches sont ceux qui lui conviennent le mieux:

sous un climat froid, il vaut mieux le semer dans une terre chaude et active.

Le maïs succède indifféremment à la plupart des plantes, mais il ne forme qu'un médiocre précédent pour le froment d'hiver.

Le sol destiné au maïs doit être préparé par plusieurs labours; il est toujours avantageux pour cette récolte de donner le labour le plus profond en automne.

Le maïs supporte une forte dose de fumier sans crainte de verser; les fumures fraîches lui conviennent ainsi qu'à toutes les récoltes sarclées.

Le climat et l'état du terrain déterminent l'époque des semailles; celles-ci ne doivent avoir lieu qu'autant que le sol a déjà été réchauffé par l'atmosphère, sous peine de voir les plantes lever tardivement et rester longtemps languissantes.

Pour semence, on doit choisir les grains les mieux nourris et, par suite, il faut rejeter ceux qui se trouvent aux deux extrémités de l'épi, comme étant imparfaitement développés.

La semaille à la volée ne peut se justifier qu'autant que le maïs est cultivé comme fourrage et, même dans ce cas, il vaut encore mieux le semer en lignes : le sol reste plus propre et est moins épuisé. Le mode de semaille le plus parfait consiste à employer le semoir; dans la pratique générale, on sème le maïs en jetant, de distance en distance, deux ou trois grains dans le sillon ouvert par la charrue; 50 centimètres en tous sens forment un espacement convenable d'un plant à l'autre.

Le maïs veut être enterré superficiellement; un tour de rouleau dans les terres légères favorise sa germination. Peu de temps après la levée des grains, il est avantageux de donner un sarclage à la main au pied des plantes; on enlève en même temps tous les plants surnuméraires en n'en laissant qu'un seul à chaque place : cette opération, quand elle est faite dans de bonnes conditions, contribue beaucoup à imprimer une végétation vigoureuse au maïs. Dans les premiers temps de la végétation du maïs, l'espace qui sépare les lignes reçoit une ou deux cultures à la houe à cheval, suivant l'état de la terre : la deuxième façon doit être plus profonde que la première.

Dès que les plantes ont atteint 32 centimètres de hauteur, on donne un léger buttage suivi, quinze jours après, d'une semblable opération, mais plus énergique. Le buttage offre le double avantage de favoriser la sortie des racines coronales et de fortifier la tige contre les coups de vent.

Dans les sols en bon état de fertilité et lorsque l'année n'est pas trop sèche, le maïs émet souvent à son pied des rejets secondaires; ces pousses affaiblissent la tige mère et ne portent jamais que des épis rabougris : il convient de les enlever, elles fournissent une excellente nourriture au bétail.

Après cette opération, le maïs ne demande plus, jusqu'à la récolte, d'autre soin que celui de retrancher les cimes lorsque la floraison est tout à fait terminée ; on peut y procéder dès que les stigmates flétris sont devenus noirs ; on coupe la sommité de la tige à quelques centimètres au-dessus de l'épi supérieur : l'écimage procure un fourrage de première qualité, qu'on peut faire sécher ou donner immédiatement en vert.

Pendant sa végétation, le maïs est sujet au charbon ; cette maladie détruit le grain et forme des excroissances monstrueuses sur l'épi ; elle se montre principalement dans les années pluvieuses ; on n'a découvert encore aucun remède pour la combattre.

On reconnaît que le maïs est mûr quand les spathes ou tuniques qui enveloppent l'épi sont devenues blanches, s'entr'ouvrent et laissent apercevoir le grain : celui-ci ne s'égrène pas, aussi y a-t-il avantage à le laisser bien mûrir pour en effectuer commodément la récolte.

Dans plusieurs contrées, on hâte la maturité du maïs en lui enlevant toutes ses feuilles, alors que les tuniques sont encore vertes ; mais ce résultat ne s'obtient qu'au détriment de la perfection du grain. On ne doit y songer, qu'autant que l'abaissement de la température force de recourir à une maturation artificielle : mais, ne vaudrait-il pas mieux, dans ce cas, renoncer au maïs et le remplacer par une autre plante moins avide de l'action solaire ?

Le maïs coupé demande à être séché avec soin, avant d'être déposé dans le grenier. Dans les climats où l'automne est pluvieux, la petite et la moyenne culture ont coutume de retrousser les tuniques et de s'en servir pour lier plusieurs épis ensemble et les suspendre ainsi à des poutres ou sous des avant-toits ; dans les contrées plus humides encore, on passe la récolte au four pour la faire sécher ; mais là où la température est encore chaude en automne, on se borne à dépouiller le maïs de ses tuniques et à l'exposer sur l'aire au soleil avant de le rentrer : quel que soit le moyen qu'on adopte, il importe de n'engranger le maïs que lorsqu'il est bien sec, sans cela il est sujet à s'altérer.

Dans la grande culture, le battage du maïs s'effectue au fléau, en ayant soin que les épis forment un lit assez épais pour que les grains ne s'écrasent pas sous l'instrument ; dans la moyenne, et surtout dans la petite culture, on se sert d'une tige de fer sur l'un des angles de laquelle on passe fortement les épis pour détacher les grains. L'égrenoir à maïs le plus parfait est la machine inventée à Cahors, et répandue dans un grand nombre d'exploitations du sud-ouest ; elle expédie beaucoup de travail de la manière la plus satisfaisante et en ménageant les forces de l'ouvrier.

Dans les climats tout à fait propres au maïs,

l'espacement qu'on donne aux plantes permet de leur associer une seconde récolte qui se développe en même temps qu'elles. La plus usitée, à cet égard, dans la petite culture, est celle des haricots nains ou grimpants; les premiers sont moins nuisibles au maïs que les variétés qui gênent sa croissance en s'enroulant autour de sa tige. On obtient, par cette association, un second produit dont l'importance n'est pas à dédaigner quand la culture du maïs est faite avec soin. En grande culture, il vaut mieux cultiver exclusivement le maïs pour lui-même et renoncer à un produit secondaire, dont la cueillette ne peut se faire qu'à plusieurs reprises.

Les principales variétés de maïs cultivées en France sont : 1° le gros maïs jaune; 2° le gros maïs blanc : ce dernier, plus riche en feuilles, passe pour plus épuisant; 3° le maïs quarantain; 4° le maïs à bec : ces deux dernières variétés ont le grain petit et jouissent de la propriété de mûrir dans l'espace de trois ou quatre mois.

i. Millet.

La culture du millet en France est circonscrite à un petit nombre de localités. On en connaît deux espèces principales, le millet à grappes et le millet paniculé; ce dernier est généralement préféré pour son grain; l'autre fournit un meilleur fourrage, très-usité dans le département des Landes pour la nourriture des bêtes à cornes.

Tous deux veulent une terre plutôt légère que forte ; ils réussissent particulièrement dans les sables gras d'alluvion.

Dans le Roussillon, là où l'on arrose, on cultive le millet paniculé en récolte dérobée, après une céréale ; on le sème alors à la volée dans la proportion de 30 à 35 litres par hectare.

Il veut surtout une terre exempte de mauvaises herbes et dont la surface soit bien meuble ; on le récolte quand la plupart de ses graines sont mûres. Il se coupe à la faucille.

En récolte principale, le millet se sème dès que les gelées blanches ne sont plus à craindre ; le sol doit être préparé avec soin et en bon état de fertilité. Le millet, pendant sa végétation, exige plusieurs binages, le premier se donne aussitôt que les plantes ont 6 ou 8 centimètres de hauteur : il y aurait avantage à le cultiver en lignes ; les sarclages et les binages seraient plus faciles et moins coûteux.

j. Sorgho.

Le sorgho se plaît dans les riches terres d'alluvion et dans le climat où réussit le maïs. On le cultive surtout pour ses panicules, qui servent à faire des balais ; ses graines sont recherchées pour la nourriture de la volaille.

Le sorgho veut un sol préparé par une culture profonde donnée avant l'hiver et suivie, au printemps, de façons qui ameublissent la surface. On le sème à peu près à la même époque que le maïs, en lignes espacées à 80 centimètres. Les plantes, au premier binage, sont placées à 8 ou 10 centimètres les unes des autres. Des binages, au fur et à mesure que l'état du sol en réclame et un buttage dans les pays exposés à de grands vents, constituent les seuls procédés de culture qu'exige le sorgho. Lorsque ses graines sont mûres, on coupe le sommet de la tige, un peu au-dessous de la panicule; on extrait le grain; le pied de la plante reste en terre pour être arraché plus tard et servir ensuite de litière ou de combustible. Le sorgho est une culture des plus lucratives lorsqu'on a l'écoulement facile des balais.

k. Sarrasin.

Le sarrasin est, avec le seigle, la plante par excellence pour les terrains légers et pauvres; il a, en outre, la propriété de nettoyer le sol mieux que toute autre plante et de croître promptement, ce qui en fait une précieuse récolte intercalaire. Malheureusement ces avantages sont contre-balancés par l'incertitude de sa réussite; celle-ci dépend entièrement des circonstances atmosphériques qui accompagnent sa végétation. La sécheresse l'empêche de s'élever; les vents secs arrêtent son développement; la pluie fait tomber ses fleurs; la moindre gelée blanche le tue; aucun grain, en un mot, n'est plus casuel et ne se montre plus indépendant, dans son produit, du mode de culture auquel on l'a soumis.

Le sarrasin vient de préférence dans les sols légers et chauds que baigne une atmosphère humide. En récolte principale, on prépare le terrain par plusieurs labours; en culture dérobée, il suffit d'un seul coup de charrue suivi de hersages pour bien ameublir la surface du sol.

Les semailles ont lieu quand les gelées du printemps ne sont plus à craindre; on sème dans la proportion de 80 à 100 litres par hectare; la semence doit être recouverte légèrement, la herse suffit pour l'enfouir.

Le sarrasin veut une température sèche aussitôt après la semaille; mais, dès qu'il a émis sa troisième feuille, il lui faut de la pluie pour se développer avant l'apparition de la fleur; il n'exige aucune façon pendant sa végétation.

Sa maturité s'effectue très-inégalement, c'est pourquoi on le récolte quand la plupart des grains sont mûrs.

On coupe le sarrasin avec la faux ou la faucille; pour le faire sécher on le lie en petites gerbes qu'on dresse les unes contre les autres en plaçant le grain en haut et en donnant assez de pied à la base pour que l'air circule librement entre les gerbes; dans cet état, le grain achève parfaitement sa maturation.

Indépendamment du sarrasin ordinaire, on en cultive encore, dans certaines localités, une autre espèce, le sarrasin de Tartarie, moins sensible au froid, mais aussi fournissant un grain moins estimé.

Le sarrasin peut être cultivé comme fourrage vert; par suite de sa végétation peu fourrée, il est éminemment propre à abriter de jeunes semis de prairies artificielles, tels que trèfle, luzerne, sainfoin, etc.

2. LÉGUMES FARINEUX.

Après les céréales, les légumes farineux sont les grains les plus importants comme ressource alimentaire pour l'homme; leur farine, impropre à la panification, contient une forte proportion d'amidon, de gluten et d'albumine; leurs fanes fournissent une bonne nourriture au bétail; leur culture s'allie très-bien avec celle des céréales; ils sont peu épuisants, en général, et s'intercalent facilement dans les assolements.

Les légumes farineux cultivés en plein champ sont les fèves, les pois, les haricots, les lentilles et les pois chiches.

a. Fèves.

Les fèves prospèrent dans le sol qui convient au froment, elles réussissent dans les sols argileux tenaces et contribuent singulièrement à les ameublir; aussi les préparent-elles mieux que toute autre plante à recevoir du blé.

Les fèves, dans le sol qui leur est propre, peuvent se succéder à elles-mêmes pendant plusieurs années lorsqu'on leur applique l'engrais et les façons qu'elles exigent. Elles donnent de riches produits sur des trèfles et des pâturages rompus.

Les fèves supportent une fumure fraîche, mais elles préfèrent le fumier à demi décomposé.

Suivant les climats, les fèves se sèment avant ou après l'hiver. Dans le premier cas, on déchaume aussitôt après la récolte enlevée, on donne ensuite un labour profond, suivi, plus tard, d'un labour superficiel pour enfouir la semence : ce dernier labour devrait être précédé de hersages si la surface du terrain ne se trouvait pas suffisamment meuble.

Lorsqu'on sème les fèves après l'hiver, il est essentiel de donner un labour profond dès l'automne.

Quelle que soit l'époque de la semaille, il importe de la faire de bonne heure; la plus hâtive est la meilleure, soit afin que les fèves prennent assez de force, en automne, pour passer l'hiver, soit afin qu'elles puissent résister aux sécheresses, si on les sème au sortir de la mauvaise saison.

La semaille en lignes est la seule qui convienne pour s'assurer une bonne récolte de fèves.

On sème sur le sillon ouvert par la charrue, dans la proportion de 130 à 140 litres par hectare ; les plantes peuvent être placées à 5 ou 6 centimètres les unes des autres, les lignes étant espacées à 65 centimètres.

Il est souvent avantageux de faire passer la herse sur les fèves avant de leur donner un premier binage. Pendant leur végétation, on les bine avec la houe à cheval, en approchant autant que possible des plantes ; le dernier binage doit s'effectuer avant la floraison. L'écimage appliqué aux fèves a pour effet principal d'arrêter la croissance continue de la sommité des tiges et de faire refluer la séve sur les gousses déjà nouées ; on obtient ainsi une maturation plus précoce et plus égale : on écime lorsque les gousses inférieures commencent à se former.

Les fèves se récoltent lorsque la plus grande partie des gousses est devenue noire. Après les avoir coupées, on les laisse pendant plusieurs jours en andains, on les lie ensuite en petites gerbes qu'on fait sécher en les dressant les unes contre les autres, les pieds étant écartés et les têtes réunies par un lien de paille.

On connaît en France deux espèces de fèves :

l'une a la graine très-développée et est employée
à l'alimentation de l'homme, c'est la fève ordinaire ; l'autre, connue sous le nom de *féverole*,
est plus spécialement appliquée à la nourriture
du bétail : toutes deux se cultivent de la même
manière.

b. Pois.

A l'inverse des fèves, les pois aiment mieux un
terrain sec qu'humide, ils se plaisent surtout dans
les sols de consistance moyenne contenant du
carbonate de chaux.

Ils réussissent après toute espèce de récoltes.

Les pois viennent mal dans une terre en partie
épuisée, ils achèvent de lui donner le coup de
grâce : leur produit est en raison de la fertilité
qu'ils trouvent dans le sol, lorsque la température
favorise leur végétation.

Si la semaille a lieu avant l'hiver, il faut préparer le sol par plusieurs labours ; lorsqu'on ne
sème qu'au printemps, il est avantageux de donner un labour profond dès l'automne ; il suffit
alors, au sortir de l'hiver, de la herse et de l'extirpateur pour procurer au sol l'ameublissement
convenable.

Ainsi que les fèves, les pois doivent être semés
aussitôt que possible : cette condition de réussite
est d'autant plus rigoureuse, que le sol et le climat
sont plus secs.

On sème souvent les pois à la volée ; la semaille en lignes est préférable, elle rend les binages plus expéditifs et plus économiques et assure davantage un bon produit en grains. On sème à raison de 2 hectolitres par hectare à la volée ; il suffit de 110 à 120 litres quand on emploie le semoir, les lignes étant à 55 ou 60 centimètres les unes des autres.

Les semis à la volée se trouvent toujours bien d'un coup de herse au moment de la levée des pois ; on ne les bine pas, en général, pendant la végétation. Il n'en est pas de même des semis en lignes ; il faut biner et répéter les binages à la houe à cheval chaque fois que les mauvaises herbes se montrent ou que le sol se durcit, jusqu'à ce que la récolte soit assez épaisse pour couvrir complétement le sol.

Le moment le plus favorable pour récolter les pois est celui où la plupart des gousses inférieures sont mûres. Les pois coupés, on les laisse sur le sol ; lorsqu'ils sont suffisamment fanés , on les rassemble en tas, et on les rentre lorsqu'ils ont achevé de sécher ainsi au soleil. Cette récolte est très-sujette à s'égrener.

Les pois , comme plante alimentaire pour l'homme, ne sont guère que du ressort de la petite culture ; dans les grandes exploitations, on cultive fréquemment, comme plante fourragère , le pois gris ou bisaille. On le sème toujours à la volée, on le herse à sa levée et on le récolte quand le grain est en partie formé. Cette espèce s'accommode très-bien d'une fumure en couverture, quand on n'a pu enfouir l'engrais avant de semer.

c. Haricots.

Les haricots ne sont cultivés que dans la petite et la moyenne culture, c'est aux variétés naines qu'on donne la préférence en plein champ.

Dans un climat humide, une terre plutôt légère que forte, dans un climat sec une terre à froment bien ameublie, sont les sols qui conviennent aux haricots.

Ils préfèrent un vieil engrais à une fumure fraîche. Ils supportent mieux la sécheresse et la chaleur que le froid et l'humidité. Le terrain, pour cette culture, est ordinairement préparé par plusieurs labours; il est essentiel que la surface soit bien ameublie. La plantation en lignes est la seule qui mérite d'être adoptée. Les plantes doivent être placées à 5 ou 6 centimètres les unes des autres, les lignes laissant entre elles un intervalle de 40 à 50 centimètres.

Les semailles s'effectuent lorsqu'on n'a plus à craindre les gelées tardives.

Les haricots reçoivent ordinairement deux binages dans le cours de leur végétation; le premier se donne quand les premières feuilles commencent à se développer.

Lorsque la maturité est arrivée, on arrache

les haricots à la main, on les place sur le sol, la tête en bas et les racines en haut, et on les laisse ainsi exposés pendant plusieurs jours à l'air ambiant : quand leur dessiccation est achevée, on les lie en bottes et on les charrie sur des voitures garnies de toile.

d. Lentilles.

Encore une plante de petite culture; on en connaît deux variétés, la lentille à gros grains et celle à petits grains; la première est la plus estimée. Les sols où les pois réussissent et même les terres un peu plus légères, conviennent aux lentilles.

Elles aiment à trouver dans le sol un engrais déjà décomposé.

On les plante ordinairement par touffes ou poquets, dans la proportion de 100 litres environ par hectare. Elles ne réussissent qu'autant que le sol est maintenu constamment meuble et net de mauvaises herbes autour d'elles.

On les récolte de la même manière que les haricots.

e. Pois chiche.

Le pois chiche est une plante dont la culture est bornée aux pays méridionaux; il se plaît dans les terres sèches suffisamment ameublies, et réussit très-bien dans les sols calcaires graveleux.

On le sème dans une terre préparée, en général, par plusieurs labours.

Le pois chiche doit être semé en lignes espacées de 50 à 60 centimètres environ les unes des autres, les plantes laissant entre elles une distance de 10 à 15 centimètres. On donne le premier binage dès que la plante a atteint 2 ou 3 centimètres de hauteur; la dernière façon doit avoir lieu avant la floraison. On le récolte quand il est bien mûr.

3. RÉCOLTES-RACINES.

Sous ce nom, on comprend certaines plantes dont le tubercule ou la racine forme le principal produit et sert à l'alimentation de l'homme ou des animaux.

Consommées par le bétail, les récoltes-racines reproduisent une quantité d'engrais supérieure à celle qu'elles ont absorbée; sous ce rapport, elles exercent déjà une influence heureuse sur le sol en accroissant sa fécondité. Elles ont encore d'autres avantages. Les binages et buttages soignés qu'elles exigent, laissent le terrain dans un état remarquable de netteté et d'ameublissement, ce qui constitue une véritable préparation pour les récoltes ultérieures dont elles augmentent les produits. Elles s'intercalent heureusement dans les rotations; elles divisent le travail d'une manière plus égale entre les diverses époques de l'année;

elles répartissent les chances fâcheuses sur un plus grand nombre de récoltes en prenant place dans l'assolement ; elles fournissent une nourriture fraîche au bétail pendant l'hiver et, par leurs produits abondants, deviennent de puissants auxiliaires des céréales pour l'alimentation de l'homme. Ces bienfaits incontestables leur assurent donc un rôle important dans l'économie rurale et c'est avec raison qu'on les regarde comme des *récoltes améliorantes*, pouvant, dans certains cas, restreindre l'étendue de la jachère.

Mais il s'en faut que leur culture ne rencontre pas souvent des difficultés dont il serait imprudent de ne pas tenir un compte sérieux. C'est ainsi que les récoltes-racines, par suite des travaux considérables de main-d'œuvre qu'elles réclament, sont presque impossibles dans un pays où la population est rare ; leur culture doit être abordée avec une extrême réserve, sinon même ajournée, toutes les fois qu'on a affaire à un sol pauvre et qu'on ne dispose pas d'une grande masse d'engrais ; et, même en supposant un terrain favorable et déjà pourvu d'une fertilité suffisante, on ne doit s'y livrer, sur une grande échelle, qu'autant que la consommation intérieure de l'exploitation ou que des débouchés faciles justifient son extension : agir contrairement à ce principe fondamental, ce serait s'exposer à de cruels mécomptes et transformer en cause de ruine une culture qui, renfermée dans de justes bornes, placée dans de bonnes conditions et généreusement traitée, imprime un vigoureux essor à la marche de l'exploitation.

Les récoltes-racines le plus généralement répandues en France, sont la pomme de terre, la betterave, la carotte, les navets, le rutabaga et les topinambours.

a. Pomme de terre.

De toutes les récoltes-racines, la pomme de terre est sans contredit la plus précieuse, car ses produits abondants nous mettent en quelque sorte à l'abri de la disette. Il existe un grand nombre de variétés de ce tubercule, mais toutes peuvent être rapportées à trois grandes divisions : les *patraques*, tubercules ronds, pourvus d'yeux nombreux et apparents ; les *parmentières*, tubercules allongés ou déprimés, munis d'un petit nombre d'yeux ; les *vitelottes*, tubercules allongés ou oblongs, munis d'yeux nombreux, très-enfoncés : ces variétés se distinguent, en outre, en pommes de terre hâtives ou tardives, selon l'époque de leur maturité ; la section des patraques renferme, en général, les variétés les plus productives et les plus riches en fécule, ainsi que celles qui conviennent le mieux à la grande culture.

La pomme de terre réussit dans toute espèce de terrains, excepté dans ceux qui sont trop compactes ou trop humides ; elle vient même dans les sols les plus légers, pourvu qu'ils soient abondamment fumés; mais son terrain de prédilection, sous un climat frais, est un sol d'alluvion plutôt léger que compacte; sous un climat chaud, ses produits sont en raison directe de la fraîcheur naturelle ou artificielle du sol : toutes choses égales, les terrains légers sont ceux où ce tubercule acquiert le plus de qualité.

La pomme de terre s'arrange aisément de toute espèce de place dans la rotation, pourvu que le sol se trouve en bon état de fertilité ou qu'on puisse le fumer énergiquement; elle réussit particulièrement sur défrichement. Mais, si elle succède indifféremment à toutes sortes de plantes, il s'en faut que toute espèce de récoltes vienne impunément à sa suite. Dans la plupart des cas, la pomme de terre forme un mauvais précédent pour les céréales d'hiver, par suite de leur récolte tardive et de l'état de soulèvement où elles laissent le sol; les céréales de printemps, au contraire, prospèrent merveilleusement après cette culture.

Le sol destiné à la pomme de terre doit être préparé par plusieurs labours, dont un au moins très-profond, afin que les tubercules puissent se développer dans une couche de terre meuble et fraîche; suivant la nature du sol, le labour profond a lieu avant ou après l'hiver.

La pomme de terre supporte sans inconvénient une forte fumure, elle en profite sous quelque état qu'on la lui applique. Dans les sols tenaces, le fumier long; dans les terres légères, le fumier court et le parc sont préférables. On peut fumer soit avant, soit après l'hiver, ou même au moment de la plantation : si l'on plante de très-bonne heure dans un pays froid, il est avantageux d'appliquer la fumure par-dessus aux pommes de terre déjà enfouies, mais ce procédé rend les binages et les buttages difficiles, surtout quand on ne les exécute pas à la main.

Le choix de la semence est de la plus haute importance dans la culture de la pomme de terre. Bien qu'à la rigueur il suffise d'un seul œil pour reproduire la plante, on s'expose au danger de voir une partie de la récolte manquer ou ne donner que des produits chétifs, sujets à dégénérer ou à être envahis par les maladies, lorsqu'on emploie comme reproducteurs des tubercules divisés en plusieurs morceaux. Toutes circonstances égales, l'abondance de la récolte dépend du volume des tubercules reproducteurs; elle est d'autant plus faible, que ceux-ci sont plus petits ou plus divisés.

La plantation la plus usitée dans la grande culture est la plantation à la charrue; on place les tubercules dans l'angle formé par le fond du sillon et la tranche renversée par la charrue, en appuyant la semence contre cette tranche. Suivant l'espace qu'on veut laisser entre les lignes, on dépose les tubercules de deux en deux sillons ou dans chaque troisième raie si le labour est étroit;

70 centimètres entre chaque ligne et 30 à 33 centimètres d'un plant à l'autre, sont les meilleures distances à observer dans la plupart des cas.

Lorsque les pommes de terre commencent à se montrer hors de terre, il est avantageux, en général, de faire passer la herse soit pour rompre la croûte du sol, soit pour détruire les mauvaises herbes.

Le binage des pommes de terre ne saurait s'effectuer plus rapidement et plus économiquement qu'à l'aide de la houe à cheval; cette opération devient moins nécessaire lorsqu'on a déjà fait passer la herse sur les pommes de terre levées.

Le buttage peut s'effectuer en une seule fois, à l'époque où la pomme de terre est sur le point de fleurir, mais il est bien plus complet lorsqu'on l'exécute en deux fois. On devance alors un peu l'époque du buttage; la première fois, on fait pénétrer l'instrument à 8 ou 10 centimètres de profondeur lorsque les plantes ont atteint 28 ou 30 centimètres de hauteur; quinze jours après cette première façon, on butte une seconde fois et plus énergiquement, de manière à envelopper les tiges sur les deux tiers de leur élévation : on reconnaît que ce buttage a été bien exécuté lorsque la terre, relevée des deux côtés de l'ados, ne forme qu'une arête au sommet qu'occupent les têtes des pommes de terre.

Les binages et buttages constituent les seules

opérations que réclame la pomme de **terre pendant sa végétation.**

Le flétrissement des fanes et leur couleur jaune indiquent ordinairement la maturité des pommes de terre, c'est-à-dire le moment où les tubercules ont acquis une égale consistance et se détachent sans peine des racines. La récolte peut s'effectuer soit au moyen d'une fourche ou trident, soit à l'aide d'un buttoir qu'on fait passer au milieu des lignes occupées par les pommes de terre : il est bon de laisser les tubercules se **ressuyer à** l'air pendant quelques heures avant de les **rentrer.**

Si la récolte est peu importante, on peut la loger dans des caves, des celliers ou tout autre lieu à l'abri de la gelée; mais lorsqu'elle est considérable, il faut nécessairement recourir aux silos permanents ou temporaires : ces derniers ont l'avantage d'épargner des frais de magasins spéciaux toujours dispendieux. On procède, ainsi qu'il suit, à la construction des silos temporaires : dans un sol à l'abri de l'humidité, on creuse une fosse allongée, plus ou moins profonde; **on en garnit le** fond et les côtés d'une bonne couche de paille bien saine, on la remplit de pommes de terre jusqu'au niveau du terrain; parvenu à ce point, on entasse les tubercules au-dessus du sol, en donnant aux tas la forme d'une toiture à deux pans. La récolte ainsi amoncelée est recouverte avec soin d'un lit de paille serrée, garnie extérieurement d'une couche de terre suffisamment épaisse et fortement battue : ces silos temporaires ainsi établis avec soin préservent très-bien la récolte des atteintes du froid.

Les principales maladies qui affectent la pomme de terre sont la *frisolée*, par suite de laquelle les feuilles et les tiges se rident et se recoquillent et qui empêche la plante de se développer : on ne connaît aucun remède efficace à lui opposer. Il en est de même de la maladie bien autrement grave, connue seulement depuis quelques années et désignée sous le nom de *maladie de la pomme de terre*, affection qui se trahit pendant la végétation de la plante par le dépérissement des tiges et des feuilles et qui, une fois passée dans les tubercules, devient contagieuse et entraîne la destruction rapide de la fécule. Tous les remèdes indiqués comme préservatifs sont restés jusqu'ici infructueux. On a seulement constaté que les variétés hâtives résistent mieux à la maladie que les autres. On arrête la contagion parmi les tubercules malades en exposant à la vapeur du soufre la récolte renfermée dans une pièce bien close ; les parties saines demeurent ainsi préservées ; mais les tubercules, tout en conservant leur faculté alimentaire pour l'homme et les animaux, ne sont plus aptes à la reproduction. Le choix d'un terrain sain et bien fumé, l'emploi d'une semence de bonne qualité, renouvelée au besoin, d'énergiques fumures, des cultures judicieusement appliquées, sont encore les meilleurs moyens dont on puisse faire usage pour se défendre contre la maladie de la pomme de terre.

b. Betteraves.

On connaît plusieurs variétés de betteraves. La plus anciennement cultivée est la betterave champêtre ou *disette*, à racine oblongue presque entièrement hors de terre.

La plus recherchée dans la fabrication du sucre est la betterave à collet vert ou de Silésie, dont la racine s'enfonce le plus avant dans le sol.

La globe jaune et la globe rouge se font remarquer par leur densité et la perfection de leur forme semblable à celle d'une bombe ; leur racine s'enterre à moitié dans le sol.

Plus les betteraves s'enfoncent dans le sol, plus elles sont riches en sucre.

Les terres à blé, de consistance moyenne et fraîches, sont celles qui conviennent le mieux à la betterave ; cette plante, du reste, s'accommode de tous les terrains, pourvu qu'ils soient profonds, qu'ils ne souffrent pas de l'humidité et qu'ils soient en bon état de fertilité.

Le sol doit être préparé par plusieurs labours, dont un profond donné autant que possible avant l'hiver ; au printemps le travail de l'extirpateur vient puissamment en aide à celui de la charrue.

La betterave veut un terrain riche ou du moins

fortement fumé pour prospérer ; placée dans ces conditions, elle épuise peu le sol.

On sème sur labour frais et dans un sol dont la surface a été préalablement ameublie par des hersages et des roulages répétés, dès que les gelées ne sont plus à craindre.

Dans la plupart des cas, la semaille en lignes doit être préférée comme plus régulière et rendant les menues cultures plus faciles et plus économiques. La distance à observer entre les lignes varie de 50 à 65 centimètres, les plantes dans la ligne doivent être à 40 centimètres les unes des autres.

La levée est souvent un temps critique pour la betterave. Cette plante est alors sujette à être attaquée par l'altise : le seul moyen de la soustraire à ses ravages est de lui imprimer, dès sa naissance, une prompte végétation. Aussitôt donc que la plante aura percé sa troisième feuille, on lui donnera une première façon destinée à la dégager des mauvaises herbes et à rompre la croûte du sol autour d'elle ; peu de temps après ce premier binage qui doit forcément s'effectuer à la main, il convient d'éclaircir : tout délai apporté à cette opération capitale compromet l'avenir de la récolte.

La betterave, pendant le cours de sa végétation, exige ordinairement plusieurs binages. L'état du sol et de la température, la vigueur de la plante, sont les meilleurs guides à suivre pour le nombre et l'opportunité de ces façons qu'on donne fort économiquement avec la houe à cheval. Toute chance d'accidents écartée, le produit de la récolte est en raison directe du soin et de l'à-propos avec lesquels les binages ont été exécutés : **on les cesse lorsque les plantes ont acquis assez de déve**loppement pour couvrir, par leur feuillage, l'intervalle qui sépare les lignes. A compter de cette époque jusqu'à la récolte, les betteraves ne réclament plus aucun soin. C'est ordinairement pendant cette période que beaucoup de cultivateurs effeuillent la récolte, afin de se procurer une nourriture fraîche pour leur bétail ; mais cette soustraction anticipée d'un organe essentiel de nutrition appauvrit la richesse saccharifère de la betterave sans compensation équivalente, surtout, lorsque, au lieu de se borner à enlever les feuilles les plus inférieures, on ne laisse à la betterave que ses feuilles les plus centrales.

L'arrachage des betteraves se pratique de même que pour les pommes de terre ; une fois séparées du sol, on décollète les racines, on les laisse se ressuyer pendant quelques heures, puis on les emmagasine ; elles se conservent fort bien dans des silos temporaires construits comme ceux destinés à loger, au-dessous du sol, la récolte des pommes de terre.

Les betteraves porte-graines doivent être prises parmi les racines de moyenne grosseur à peau nette, à racine droite et non fourchue et représentant le mieux le type de la variété à laquelle on donne la préférence. On les tient, pendant l'hiver, dans un lieu à l'abri des gelées et on les met en place au printemps dans un sol bien préparé, à un mètre les unes des autres. Pendant leur végétation, elles réclament des binages de même que les autres betteraves ; dès que les tiges sont bien développées on leur donne des tuteurs, et on les tient évasées à l'aide d'un cerceau ; la graine mûre, on coupe les tiges et on les serre dans un endroit abrité, en attendant qu'on procède au battage.

c. Carottes.

Considérée comme récolte fourragère, la carotte est la plus importante des récoltes-racines, aucune ne l'égale en qualité pour la nourriture du bétail.

On connaît plusieurs variétés de carottes dans la culture en plein champ : la plus estimée pour son rendement est la carotte blanche à collet vert dite aussi *carotte de Flandre*.

La carotte exige un sol profond, plutôt léger que fort, mais surtout homogène dans sa composition ; les terrains formés de couches de diverses natures ou encombrées de pierres, arrêtent le développement de la racine et souvent la font bifurquer.

La carotte peut être cultivée en récolte principale ou en récolte dérobée.

Dans le premier cas, qui est aussi le plus usité,

on prépare la terre par plusieurs labours : les labours de défoncement à l'aide d'une charrue qui fouille le fond du sillon sans le ramener à la surface sont fort avantageux pour cette plante éminemment pivotante.

La graine doit être enterrée très-superficiellement et confiée à un sol en parfait état d'ameublissement et bien fumé.

En récolte principale, la semaille en lignes est préférable à toute autre ; on fait ainsi une notable économie sur les frais de sarclage et de binage qui rendent la culture de la carotte très-coûteuse.

Les lignes peuvent être espacées de 45 à 55 centimètres.

Dès que les carottes se montrent hors de terre, il est indispensable de leur donner un premier sarclage à la main ; on peut se borner alors à enlever l'herbe des lignes occupées par les plantes ; plus tard, on fait passer la houe à cheval dans l'intervalle qui les sépare.

Les plantes bien levées, on éclaircit en plaçant les carottes à 15 centimètres les unes des autres.

Biner et sarcler constituent les seules façons à donner pendant la végétation des carottes ; mais, telle est l'importance de cette main-d'œuvre, que de son exécution dépend en grande partie le succès de la récolte.

Cultivées en récolte dérobée, les carottes se sèment dans une céréale ou bien aussitôt après l'enlèvement de la céréale ; dans ce dernier cas, si le sol est net de mauvaises herbes, il suffit, pour toute préparation, d'un coup d'extirpateur suivi de la herse et du rouleau. Les carottes semées dans une céréale supportent très-bien l'action de la herse, cette première façon économique doit être, le plus souvent, complétée par un binage à la main.

L'arrachage des carottes s'effectue de même que celui des betteraves et à peu près vers la même époque ; on peut aussi les conserver pendant tout l'hiver en terre pour ne les récolter qu'au fur et à mesure des besoins, mais alors il faut avoir soin de les couvrir de fumier long, afin de les abriter contre les fortes gelées.

Les carottes remplacent économiquement l'avoine pour les chevaux qui ne travaillent pas en hiver : elles constituent une excellente nourriture pour les vaches et les brebis portières.

d. Navets.

Il est rare de voir semer chez nous les navets comme récolte principale, presque toujours on les cultive en récolte dérobée.

Les navets réussissent particulièrement dans les terres légères. Quand ils succèdent à une céréale, on prépare la terre par un labour ou mieux par un coup d'extirpateur, suivi de hersages si la surface du sol a besoin d'être ameublie. On sème à la volée dans la proportion de 3 à 4 kilogrammes

de graine par hectare. Les navets, pendant leur
végétation, ne demandent qu'à être éclair-
cis et binés; plus les binages sont répétés et
donnés à propos, plus la récolte est abondante. Les circonstances atmosphériques exercent une grande influence sur la réussite de
cette plante.

Les navets doivent être arrachés avant les
froids. Ils se conservent mal en silos, aussi préfère-t-on les étendre par couches peu épaisses
dans un lieu sec; c'est par cette racine qu'on
commence, en général, la consommation fraîche
d'hiver.

e. Rutabagas.

Le rutabaga exige un sol riche et un climat
humide pour réussir; les terres fortes lui conviennent. Cette plante, étant fort sujette à être
détruite par l'altise, il est préférable de la semer
d'abord en pépinière pour la transplanter ensuite
en lignes.

Le sol destiné à servir de pépinière doit être
défoncé, fortement fumé et préparé comme une
terre de jardin; il importe, en effet, d'obtenir
une végétation prompte et robuste pour échapper
le plus tôt possible aux ravages des insectes et se
procurer un plant vigoureux. On assure sa levée
en couvrant le sol de la pépinière de menue paille
ou de balles de grains; dès que les altises se montrent, on répand des cendres non lessivées sur

les jeunes feuilles de rutabagas couvertes de rosée et l'on répète cette opération jusqu'à ce que
la plante ait percé sa quatrième feuille : elle est
alors en état de se défendre par elle-même.

La transplantation peut avoir lieu quand le
plant a atteint la grosseur du petit doigt. Le
champ destiné à le recevoir doit avoir été préparé
par plusieurs labours et se trouver en bon état
de fumure; le moment de la transplantation arrivé, on trace avec le rayonneur des lignes à
80 centimètres les unes des autres; un homme,
muni d'un plantoir, pratique des trous de 50 en
50 centimètres, une femme y dépose le plant de
rutabaga, en ayant soin de serrer avec son pied
la terre autour du collet de la plante. Le point
important dans la transplantation consiste à ne
point laisser de vide au collet de la plante ni à
l'extrémité de sa racine, sa reprise dépend de
cette attention; toute racine qui dépasserait la
longueur du plantoir doit être écourtée avant
d'être mise en place. On peut aussi procéder à la
transplantation en appuyant le plant contre la
bande de terre renversée par la charrue; mais la
mise en place, à l'aide du plantoir, bien que plus
coûteuse, est préférable.

Le rutabaga transplanté ne tarde pas à reprendre, surtout quand il se trouve favorisé par
l'humidité de l'atmosphère. Il faut, sans délai, lui
donner une première façon à la houe à cheval,
afin d'ameublir le sol et y attirer par ce moyen

la fraîcheur ; on y revient chaque fois que la terre menace de se durcir ou que les mauvaises herbes commencent à envahir le champ ; on complète l'opération en faisant sarcler à la main les lignes de rutabagas. Cette plante veut être buttée. Un seul buttage peut suffire, mais un second buttage contribue à faire augmenter les produits ; on fait passer le buttoir un peu avant que la récolte ne couvre le sol de ses feuilles.

Le rutabaga végète jusque dans le courant de l'hiver lorsque les gelées ne sont pas trop fortes ; il est prudent, toutefois, de ne pas attendre les grands froids pour le récolter. Les silos temporaires où l'on conserve les pommes de terre ne peuvent servir pour les rutabagas. Il faut les loger dans un lieu sec où l'air ait un libre accès ; une voûte de 2 mètres d'élévation, pratiquée dans une meule en paille et ayant la forme d'un carré long forme un excellent moyen d'emmagasiner les rutabagas ; on place le premier lit des rutabagas sur une couche de paille de 40 centimètres d'épaisseur et on ne remplit la voûte qu'aux deux tiers de sa hauteur, afin que l'air circule librement au-dessus des racines.

f. Topinambours.

Le topinambour est l'une des plantes les moins épuisantes et peut-être la plus accommodante de toutes sur la nature du sol. Il vient, en effet, dans

les terrains les plus légers et dans les argiles tenaces, là où nulle autre récolte-racine ne pourrait prospérer. Il jouit de l'avantage de pouvoir
revenir indéfiniment sur lui-même ; il est exempt
de maladies, ne craint pas la gelée, résiste très-
bien à la sécheresse et fournit une nourriture
abondante pour le bétail. Tant de qualités auraient
dû généraliser sa culture, mais la propriété qu'il
a de se reproduire par les plus petits tubercules
et, par suite, la difficulté de l'intercaler dans les
assolements, l'ont presque partout fait abandonner. Le préjugé qu'on ne peut le détruire une fois
qu'il s'est emparé d'un champ, n'a rien de fondé ;
il suffit de lui faire succéder un fourrage qui se
fauche plusieurs fois pendant l'année pour se débarrasser de ses repousses ; cette vitalité, du reste,
loin d'être un inconvénient, devient une des propriétés les plus précieuses du topinambour lorsqu'on sait en profiter pour utiliser les terrains
perdus en assignant à cette plante une sole permanente, la seule place qu'elle doive occuper en
dehors de toute rotation.

Tous les sols, même les plus arides, conviennent au topinambour ; il ne donne toutefois des
produits abondants qu'autant qu'il se trouve dans
une terre riche ou du moins bien fumée.

La culture du topinambour est exactement la
même que celle de la pomme de terre. La terre
doit être préparée par plusieurs labours. Les topinambours germent et lèvent plus vite quand ils

sont enterrés peu profondément. On les plante en lignes, espacées à 80 centimètres les unes des autres ; les topinambours se trouvant à 65 centimètres dans les lignes. Un ou deux binages à la houe à cheval et deux buttages, tels qu'ils se pratiquent pour la pomme de terre, constituent les seules façons que réclame le topinambour pendant sa végétation. Son développement le plus actif a lieu à la fin de l'été, quand la température est devenue plus fraîche ; même par les plus grandes chaleurs il résiste fort bien à la sécheresse : ses feuilles se fanent alors pendant le jour, mais il suffit de la fraîcheur de la nuit pour les relever.

La récolte du topinambour peut être différée sans inconvénient ; les tubercules, en effet, profitent encore dans l'arrière-saison et ne gèlent point en terre : cette propriété permet de ne les arracher qu'au fur et à mesure des besoins et épargne ainsi les frais d'emmagasinage. Les tiges coupées sèches servent de combustible ; fraîches, elles sont une excellente nourriture pour les bêtes à cornes et les bêtes à laine.

4. PLANTES COMMERCIALES.

On est convenu d'appeler de ce nom un groupe de plantes qui, cultivées exclusivement en vue de la vente, contribuent fort peu, par leurs produits, à la création des engrais.

Le bénéfice considérable qu'elles procurent et

la valeur élevée qu'elles donnent au sol qui leur est consacré, en font le couronnement d'une culture très-développée, assez riche en engrais pour que leur portion surabondante puisse être détournée au profit des récoltes qui ne rendent rien au sol. Celles-ci ne sont donc raisonnablement possibles que dans la circonstance exceptionnelle d'un sol très-fertile, de ressources en engrais tiré du dehors, ou lorsque l'exploitation est assurée d'une reproduction abondante de fumier, grâce à un bétail nombreux et bien entretenu.

Hors de ces conditions, qui ne se rencontrent pas souvent, il serait dangereux d'entreprendre la culture des plantes commerciales sur une grande échelle; elles exigent, en effet, un sol parvenu à une haute fertilité, elles appauvrissent l'exploitation de tout le fumier qu'elles lui enlèvent sans restitution; elles réclament de fortes avances, soit pour la préparation soignée du sol, soit pour des menues cultures répétées; enfin, leurs produits, souvent placés entre le double écueil de la rareté ou de l'encombrement sur le marché, sont sujets à de grandes variations commerciales qui rendent cette spéculation fort chanceuse et partant périlleuse.

Les plantes commerciales se divisent en plusieurs sections, savoir : les plantes oléagineuses, les plantes textiles, les plantes tinctoriales; à ce groupe appartiennent encore le tabac, le houblon et la cardère.

a. Plantes oléagineuses.

Parmi les plantes oléagineuses se rangent le colza, la navette, le pavot et la caméline.

Colza.

Le colza n'exige pas un sol de première qualité; il vient dans les terres légères et il lui suffit, pour sa réussite, de se trouver dans un terrain bien assaini et en bon état d'engrais : les sols riches d'alluvion et les bonnes terres à froment sont ceux cependant où il donne les meilleurs rendements.

Le colza veut un terrain bien préparé. Un labour profond assure d'autant mieux sa réussite, que le sol est plus compacte.

La pire méthode de semailles pour le colza est celle à la volée; la plus profitable est la semaille en lignes; dans ce dernier cas, il est préférable de recourir au semis en pépinière, plutôt qu'au semis en place.

La transplantation a d'autant plus de chances de réussite, qu'on l'effectue avec un plant bien venu et dans de bonnes conditions. On y procède, sur labour frais, à la charrue ou au plantoir. Par le premier mode, on dépose le plant contre la bande de terre renversée, le second trait de charrue l'enterre jusqu'au collet : on ne plante ainsi que de deux raies l'une, en grande culture, afin de pouvoir exécuter les binages avec la houe à cheval. La transplantation à la charrue a le grave inconvénient de ne pas conserver à la racine sa position naturelle verticale et de la courber à son extrémité, ce qui nuit au développement de la plante; elle laisse, en outre, parfois le collet trop au-dessus de terre quand le labour n'est pas fait avec le plus grand soin. La transplantation à l'aide du plantoir est à l'abri de ces défauts. Un ouvrier ouvre avec un plantoir à branche des trous dans la direction des sillons tracés par la charrue, un autre y dépose le plant en ayant soin de serrer la terre avec son pied autour de la plante : ce procédé de transplantation beaucoup plus parfait mérite d'être adopté malgré le surcroît de dépense qu'il entraîne.

Le colza repiqué au commencement de l'automne a rarement besoin d'être biné avant l'hiver et l'on peut, à la rigueur, se borner à tirer des rigoles d'écoulement à travers la pièce pour le préserver d'une humidité stagnante; mais, dans une culture soignée, on a encore recours au *ruotage*, afin de le placer dans les meilleures conditions de réussite. Le ruotage consiste à partager le champ de colza en planches de 4 ou 5 mètres chacune, séparées entre elles par de petits fossés ou ruots creusés à un fer de bêche en profondeur et en largeur et aboutissant à des fossés d'écoulement; la terre qui en est extraite est répandue à travers chaque planche de colza qui se trouve ainsi exhaussée et d'autant mieux défendue contre les intempéries de l'hiver.

Le colza entre en végétation dès le premier printemps ; il est essentiel, à cette époque, de ne pas attendre sa floraison pour lui appliquer un binage ; on complète l'opération en faisant sarcler les lignes à la main si les mauvaises herbes s'en sont emparées.

La maturité du colza s'annonce par la couleur jaune que prennent les siliques. Le moment opportun où il convient d'y mettre la faucille doit être saisi avec une grande diligence. La déhiscence, en effet, est très-prompte lorsque la graine est arrivée à un certain degré de développement; il suffit alors d'un coup de soleil un peu vif, d'un vent violent ou de tout autre accident atmosphérique pour égrener la meilleure partie de la récolte ; aussi vaut-il mieux, la plupart du temps, couper un peu sur le vert : on complète la maturation du colza en le mettant en meule ou meulon.

Le procédé vicieux généralement répandu de laisser la récolte en javelle après l'avoir coupée, n'a, pour se justifier, qu'une main-d'œuvre plus expéditive mais chèrement payée, en définitive. La construction des meulons n'offre pas de difficultés. On place le colza de manière que le sommet des tiges regarde le centre du meulon et que leur pied soit tourné vers la circonférence ; à mesure que le meulon s'élève, on croise un peu les tiges les unes sur les autres vers le milieu du meulon ; quand il a atteint 2 mètres environ de hauteur, on l'assujettit au sommet par un lien si l'on craint les grands vents.

Le colza dont la maturité se perfectionne en meulon, acquiert plus de qualité, la graine y prend de la couleur et de la main et devient plus riche en huile.

Le battage du colza s'effectue souvent en plein champ. On prépare l'aire à battre en nivelant et en épierrant un coin de la pièce. On étend en-suite sur le sol une bâche sur laquelle on apporte la récolte transportée soit dans des draps, soit dans des chariots garnis de toiles. Les ouvriers extraient la graine des siliques au moyen de fléaux légers ; ils la passent ensuite au crible, puis on la soumet à l'action du tarare. Une fois dans le grenier, on l'étend en couches peu épaisses et on la remue souvent, car elle est très-sujette à s'échauffer pendant les premiers temps qui sui-vent la récolte.

Le colza est fort exposé à être attaqué et même détruit par l'altise au moment de sa levée ; on en cultive deux variétés, l'une d'hiver et l'autre de printemps.

Navette.

On ne cultive guère la navette que dans les terres trop pauvres pour le colza ; elle a encore l'avantage de pouvoir être semée plus tard et de laisser ainsi plus de temps pour préparer le sol.

La semaille à la volée est à peu près la seule dont on fasse usage pour la navette, nul doute cependant que le semis en lignes ne lui convienne mieux : il rendrait les menues cultures plus économiques en remplaçant le travail à la main par celui de la houe à cheval et la masse des produits s'en trouverait augmentée.

Toutes choses égales, les produits de la navette sont inférieurs à ceux du colza, mais on les obtient presque toujours dans des conditions où le colza ne réussirait pas. Plante dont la culture est généralement fort négligée et qui, probablement, répondrait par un rendement meilleur à des soins plus judicieux.

De même que pour le colza, on cultive deux variétés de navette, l'une d'hiver et l'autre de printemps ; cette dernière est plus casuelle et bien moins productive.

Pavot.

Le pavot ou l'œillette veut une terre riche, substantielle, profondément labourée et ameublie avec le plus grand soin à la surface : les bonnes terres à froment sont celles qui lui conviennent le mieux.

La semaille a lieu, suivant les localités, à l'automne ou au printemps ; cette dernière époque est généralement préférée. Les semailles faites de bonne heure assurent davantage la récolte.

Le pavot se sème ordinairement à la volée, dans la proportion de 2 kilogrammes par hectare. La graine doit être recouverte très-légèrement.

Dès que les plantes sont levées, si l'herbe se montre dans le champ, il est nécessaire de donner un premier binage; on éclaircit lorsque les plantes ont atteint quelques centimètres de hauteur, on les espace alors à 20 centimètres en tous sens : trop serrés, ils ne produisent que de petites têtes renfermant peu de graines et de qualité inférieure.

Pendant le cours de la végétation, biner et sarcler avec soin toutes les fois que l'état de la pièce l'exige : la récolte est à ce prix.

La couleur jaune des capsules indique la maturité. On enlève alors les tiges à la main et on en forme des faisceaux liés au-dessous des têtes. Quelques jours de beau temps suffisent pour achever la maturation.

Les deux principales variétés de pavot cultivées en France, sont le *pavot à fleurs blanches* et *à capsules fermées*, ses graines donnent une huile plus fine que le *pavot à fleurs rouges* et *à capsules ouvertes;* cette variété passe pour plus productive que l'autre. Les capsules du pavot blanc se battent au fléau; on extrait la graine de l'autre variété en secouant les capsules au-dessus d'une toile.

Caméline.

La caméline réussit dans les terres légères où les autres plantes oléagineuses ne viendraient pas. Elle résiste à la sécheresse, ne craint pas les attaques des insectes et se contente d'une médiocre fertilité : elle constitue donc une ressource précieuse pour les terrains maigres dont elle porte la rente à un haut prix relativement à leur valeur.

La caméline peut être semée pendant tout le printemps ; cependant si l'on a affaire à un climat sec, il vaut mieux la semer de bonne heure ; elle profitera alors de la fraîcheur du sol, lèvera plus régulièrement et parviendra vite à maturité.

La caméline semée à la volée est rarement binée pendant sa végétation, mais on abuse ainsi de sa rusticité pour laisser les mauvaises herbes envahir la récolte et compromettre le sort des récoltes futures ; des binages donnés avec soin ne lui seraient pas moins utiles qu'au colza et au pavot.

La récolte de la caméline se traite comme celle du colza.

b. Plantes textiles.

Les deux plantes textiles cultivées en France sont le lin et le chanvre.

Lin.

Le lin veut une terre riche, profonde, plutôt légère que forte, parfaitement ameublie et nette de mauvaises herbes : il s'arrange mieux aussi d'un climat humide que d'un climat sec.

La préparation du sol destiné au lin ne saurait être trop parfaite. Un labour profond, appliqué autant que possible avant l'hiver, ne dispense pas de donner encore au printemps une ou deux autres cultures à la charrue ou à l'extirpateur : le point essentiel dans cette préparation, c'est que la surface soit complétement ameublie, le fond restant un peu ferme.

Le fumier fait convient mieux pour cette récolte que le fumier pailleux; ce dernier a surtout l'inconvénient d'apporter beaucoup de mauvaises herbes dans le sol et de rendre ainsi les sarclages plus dispendieux.

Le lin réussit bien sur un pré rompu ou sur un défrichement de prairies artificielles, mais à la condition que le sol aura été nivelé et ameubli avec soin à l'aide de roulages et de hersages répétés; on peut aussi le semer avec avantage après une récolte-racine, mais en fumant énergiquement.

Dans les pays chauds le lin se sème souvent à l'automne; dans les climats froids on préfère ne semer qu'au printemps.

Les semailles précoces au printemps passent pour les meilleures.

Le choix de la semence est de la plus haute importance pour cette culture. Dans les contrées où elle est faite avec le plus d'intelligence, on renouvelle la semence tous les trois ans en la tirant de Riga. Le lin, cultivé pour sa filasse, demande à être semé très-épais, on ne met pas moins de 4 hectolitres à l'hectare; la graine est enterrée à l'aide de hersages croisés, suivis, au besoin, d'un tour de rouleau. Le sarclage est la seule main-d'œuvre qu'exige le lin pendant sa végétation; on y procède aussitôt après la levée de la plante, dès que les mauvaises herbes se montrent; il faut y recourir chaque fois que l'état du sol l'exige, sous peine de compromettre le succès de la récolte.

Le lin se récolte ordinairement lorsque les feuilles et les capsules prennent une teinte jaunâtre; on l'arrache à la main, on le dispose en petites bottes liées près des têtes : on les fait sécher en les dressant sur le sol, les têtes appuyées les unes contre les autres. Cette première opération a pour but d'achever la maturation de la graine et de préparer le lin à recevoir le rouissage. On extrait la graine des capsules en frappant les têtes des bottes de lin avec un maillet.

Le rouissage peut s'effectuer de deux manières, sur pré ou dans l'eau. Par le premier procédé on étend la récolte de lin en couches minces sur un pré ou sur un champ, et on l'y laisse, en ayant soin de la retourner à plusieurs reprises, jusqu'à ce que les fibres se séparent facilement. Le rouissage dans l'eau consiste à plonger les bottes de lin dans une eau dormante ou presque dormante, on les y maintient jusqu'à ce que la fermentation ait dissous le principe gommo-résineux qui retient les fibres unies; ce résultat obtenu, on retire le lin de l'eau; on le dresse pour le faire sécher, ce qui exige un espace de temps plus ou moins considérable, selon que la température est plus ou moins élevée : lorsqu'il est suffisamment sec, on le soumet aux diverses préparations du broyage, teillage, peignage, etc., qu'il exige avant d'être livré au commerce.

Le lin est considéré comme une plante très-épuisante.

Chanvre.

Plante éminemment propre à la petite culture, tant elle exige de conditions difficiles à rencontrer dans une grande exploitation. Le chanvre, en effet, n'est à sa place que dans un sol de première qualité, substantiel, profond, riche et frais; sa culture, en outre, ne peut être entreprise que là où la population est nombreuse et la main-d'œuvre à bas prix; aussi ne la voit-on le plus souvent que dans des enclos ou dans le sol exceptionnel de vallées privilégiées : les an—

ciens marais desséchés lui conviennent particulièrement.

Dans un sol consistant on ne peut se dispenser
de donner plusieurs labours pour la préparation
du terrain; un labour profond, utile dans tous
les sols pour le chanvre, devient indispensable si
l'on veut cultiver cette plante dans un terrain
léger. Le sol destiné au chanvre doit être préparé
avec autant de soin que la terre d'un jardin.

Le chanvre, en raison de la qualité supérieure
du sol auquel on le confie, de l'énorme proportion de fumier consommé qu'il exige et de l'état
de propreté où il laisse le terrain, forme un excellent précédent pour toutes les récoltes.

On attend que les dernières gelées ne soient
plus à craindre pour semer le chanvre. La semence de la dernière année est préférable à toute
autre, car cette graine dégénère rapidement lorsqu'elle provient de récoltes destinées à faire de la
filasse; on est alors obligé de la tirer des pays où
la production de la semence est l'objet de soins
spéciaux. On sème sur labour frais dans la proportion de 300 litres de graines par hectare : on
enterre avec la herse.

Le chanvre lève vite. Jusqu'à sa levée, on fait
garder la chenevière par des enfants, ou bien on
y place des épouvantails pour défendre la semaille
contre l'avidité des oiseaux; une fois hors de terre,
sa végétation est si rapide et il croît si touffu,
qu'il étouffe toutes les mauvaises herbes; c'est

pourquoi on a rarement besoin de recourir au sarclage.

La récolte s'effectue généralement en deux fois. On commence par arracher les pieds mâles aussitôt après qu'ils ont répandu leur poussière fécondante; ce chanvre fournit la filasse la plus fine. Les pieds femelles, en revanche, ayant plus d'espace pour se développer, donnent des produits plus abondants; on les arrache quand la graine est suffisamment mûre. Il est d'usage, après la récolte du chanvre, de le lier en bottes; on en retranche les racines et on le fait sécher en plaçant les tiges debout sur le sol, le pied écarté. Après l'extraction de la graine, on procède au rouissage, de même que pour le lin; le rouissage dans l'eau est généralement plus usité que le rouissage sur pré.

Le chanvre, lorsqu'on le traite avec soin, peut revenir indéfiniment sur lui-même.

c. Plantes tinctoriales.

Les plantes de ce groupe, dont la culture est le plus répandue, sont la garance et la gaude.

Garance.

La garance vient sur tous les terrains qui ne souffrent pas de l'humidité, mais elle réussit particulièrement dans les sols riches en carbonate de chaux, meubles et se maintenant frais.

Un labour profond est indispensable pour la complète réussite de la garance. On enterre le fumier par le second labour donné ordinairement après l'hiver; les façons complémentaires peuvent s'effectuer avec le scarificateur et la herse.

Les fumures de tourteaux alternées avec les fumiers d'étable conviennent très-bien à la garance.

Le terrain destiné à porter la garance se divise en planches, dont la largeur varie. Dans le comtat d'Avignon, pays classique de cette culture, on leur donne depuis 1 mètre 32 centimètres jusqu'à 1 mètre 65 centimètres; en Alsace, elles sont beaucoup plus larges; entre chaque planche, on ménage un intervalle de 32 à 40 centimètres, dont la terre est extraite pour chausser la garance: les planches étroites sont préférables.

Le terrain ainsi disposé, on procède au semis ou à la plantation; le semis est le plus usité; on l'effectue de la manière suivante. On trace dans chaque planche, avec la houe à main, un sillon superficiel dans lequel on répand la semence, la graine se trouve recouverte très-légèrement par la terre provenant du second sillon; on procède ainsi pour toutes les planches. On met par hectare de 80 à 100 kilogr. de semence, selon qu'on a affaire à une terre vierge ou non de garance. Les terres neuves exigent moins de semence que celles qui ont déjà porté de la garance; on sème plus dru dans les terres légères que dans les terres fortes. Les semences de l'année sont préférables, la vieille semence a souvent perdu sa faculté germinative. La plantation s'exécute en plaçant les jeunes racines dans les sillons ouverts par la houe à main, on les recouvre d'une couche de terre de 6 à 8 centimètres de profondeur. Ce procédé est pour ainsi dire exceptionnel et ne s'applique guère qu'aux terres trop creuses, où la graine germe mal.

Il est important, pour que la garance lève vite et présente une sortie vigoureuse et régulière, que la surface du terrain soit bien meuble; si la pluie l'avait battue, il serait bon d'en briser la croûte à l'aide du rouleau.

C'est surtout pour la garance que la netteté et l'ameublissement du sol sont deux conditions indispensables. On commence les binages et sarclages dès que les jeunes plantes sont sorties de terre; on les répète chaque fois que les herbes adventices reparaissent ou que la surface du sol se durcit.

A l'automne qui suit le semis, on creuse l'intervalle qui sépare chaque planche pour en rejeter la terre sur la garance. La plante est ainsi chaussée et se trouve, en outre, défendue contre l'humidité de l'hiver par les petits fossés de séparation qui vont se creusant de plus en plus à chaque opération de ce genre : elle contribue encore à augmenter la matière colorante des racines.

Au printemps suivant on revient au sarclage;

il entraîne peu de frais lorsque les cultures de la première année ont été faites avec soin, car la garance pousse alors avec une grande force et ne laisse venir aucune mauvaise herbe sous son épaisse végétation.

On fauche les tiges quand la graine offre la teinte violet foncé, indice de sa maturité; on les fait sécher, puis on les dépose dans un grenier en ayant soin de les remuer fréquemment.

A l'automne de la deuxième année, on chausse la garance de la même manière qu'on a procédé à cette opération à la fin de la première année. A la troisième année, la garance, bien réussie, n'exige aucune main-d'œuvre pendant sa végétation, elle présente alors l'aspect d'un épais fourré, à travers lequel aucune mauvaise herbe ne saurait se faire jour.

L'extraction de la racine a lieu généralement au moyen de la bêche ou de la houe. La bêche pénètre au-dessous du point auquel la garance a étendu ses racines; l'ouvrier brise la motte de terre soulevée par l'instrument et en dégage les racines qui s'y trouvent; il en forme des tas et continue ainsi l'extraction jusqu'à ce que toute la garance soit tirée hors de terre : à la fin de chaque journée, on transporte dans des draps toutes les racines amoncelées en tas et on les porte sur l'aire où elles commencent leur dessiccation.

La garance se récolte au second automne qui

suit le semis, soit après dix-huit mois de végétation, ou bien seulement au troisième automne qui suit le semis, soit après trente mois; plus la garance reste en terre, plus elle se charge de principes colorants et acquiert de valeur commerciale; toutefois, les circonstances économiques au milieu desquelles le cultivateur se trouve placé, peuvent rendre l'arrachage précoce plus profitable : en général, on arrache la garance plutôt après dix-huit mois de semis, qu'après trente mois.

La garance, par suite du défoncement du terrain, de la fumure abondante qu'elle exige et de l'état parfait d'ameublissement et de netteté où elle laisse le sol, est peut-être le meilleur précédent qu'on puisse donner à la luzerne, sa réussite est certaine après cette plante qui, bien que très-épuisante par elle-même, devient ainsi améliorante pour les récoltes qui lui succèdent.

Gaude.

On cultive deux variétés de gaude, l'une d'hiver, l'autre de printemps.

La gaude n'est point difficile sur le sol, elle réussit même dans les terrains très-sablonneux, pourvu qu'ils jouissent d'une certaine fertilité. On la sème soit avant l'hiver, soit au printemps : la semaille d'automne est préférée dans beaucoup de contrées.

La préparation du sol se borne à un seul labour ou même à un simple déchaumage, suivi de hersages après une céréale, quand le terrain est net de mauvaises herbes. On sème à la volée dans la proportion de 5 à 6 kilogrammes par hectare et l'on recouvre la graine très-superficiellement, souvent même par un simple tour de rouleau. La semence nouvelle doit être préférée.

Si le sol est propre, on peut se dispenser de donner aucune façon avant l'hiver et l'on se borne alors à éclaircir les plantes en les espaçant à 16 centimètres les unes des autres en tous sens; mais, au printemps, dès que la gaude commence à s'élever, on doit procéder au binage et au sarclage.

La gaude, semée en septembre, est ordinairement mûre à la fin de juin ou au commencement de juillet; le moment opportun pour l'arracher est celui où les graines du bas de l'épi prennent une teinte noirâtre et où la sommité des tiges ne porte presque plus de fleurs. On procède à la dessiccation par le javelage, ou en dressant la gaude par petits paquets sur le sol; on l'y laisse jusqu'à ce qu'elle ait pris une teinte jaune et qu'elle soit suffisamment sèche.

On extrait la graine en battant les tiges sèches sur un drap; elle fournit une bonne huile pour l'éclairage.

Tabac.

Le tabac, bien que peu difficile sur la nature du sol, croît, de préférence, sur les terres de consistance moyenne, argilo-siliceuses et argilo-calcaires, meubles et fraîches : il réussit particulièrement sur un défrichement et sur un sol écobué.

Le tabac forme un excellent précédent pour toutes les récoltes; on peut, sans inconvénient, le faire revenir plusieurs années de suite sur lui-même, bien entendu en le fumant chaque fois.

Le tabac supporte une forte fumure; dans les contrées où sa culture est le mieux entendue, on fume d'abord le terrain avec du fumier d'étable et on arrose encore le tabac, pendant sa végétation, avec de la matière fécale liquide, ou bien on lui applique du tourteau.

Le sol destiné à porter du tabac doit être préparé par plusieurs labours. Le fumier est charrié en hiver, on l'enterre souvent par le premier labour; le second labour le ramène près de la surface, le troisième l'enfouit plus profondément : la herse, le scarificateur et le rouleau achèvent d'ameublir et de niveler le sol, conditions nécessaires pour la réussite du tabac.

Le tabac est toujours transplanté. Le terrain auquel on confie la pépinière doit être choisi à l'abri des grands vents, à l'exposition du midi,

préparé comme une terre de jardin et fumé copieusement avec des engrais de facile absorption.
On fait aussi le semis sur couches. Quelle que
soit celle de ces méthodes qu'on adopte, il est
indispensable de traiter le plant avec le plus grand
soin pour se procurer de beaux sujets; lorsqu'ils
ont de quatre à six feuilles, ils sont bons à transplanter; avant de procéder à cette opération, on
arrose fortement la pépinière, afin de pouvoir
arracher le plant avec plus de facilité et sans l'en-
dommager. La transplantation se fait ordinairement sur un terrain disposé en planches; on se
sert du plantoir pour mettre le plant en terre;
souvent aussi on s'aide du cordeau pour rendre
la plantation plus régulière. Les plantations faites
de bonne heure sont les plus avantageuses; suivant l'usage des contrées et les exigences de la
régie, on espace les plants tantôt à 1 mètre en
tous sens, tantôt à 33 centimètres seulement dans
les lignes; dans le midi de la France on couvre
les plants repiqués d'une feuille, afin de les défendre contre l'ardeur du soleil pendant les premiers jours qui suivent la transplantation.

Dès que les plants commencent à reprendre, il
faut donner un premier binage, on en donne un
second quinze jours plus tard; on butte quand le
tabac a atteint 30 centimètres de hauteur. C'est
ordinairement dans l'intervalle qui sépare le dernier binage du buttage qu'on applique la deuxième
fumure, engrais liquide ou tourteau.

Le but, dans la culture du tabac, étant de se procurer le plus possible de feuilles larges et pesantes, on ne laisse pas la tige s'emporter trop haut, on l'arrête en la pinçant à la hauteur où l'on espère que les feuilles inférieures prendront tout leur développement; cette opération n'admet pas de retard, elle doit être faite avec le plus grand soin, dès que le tabac montre ses boutons : plus tôt le pincement est effectué, plus les feuilles en profitent; on réserve, comme porte-graines, les pieds dont la végétation vigoureuse présente le plus bel aspect et on ne leur fait subir aucun retranchement.

Le tabac, qui a été pincé, ne tarde pas à s'emporter en jets latéraux; il est essentiel de supprimer ces pousses au fur et à mesure qu'elles se montrent à l'aisselle des feuilles, sous peine de nuire considérablement à la récolte.

Les feuilles de tabac prennent une teinte jaunâtre et s'inclinent vers la terre aux approches de leur maturité; ce moment venu, on procède à la récolte. Suivant les localités, on cueille les feuilles une à une, ou bien on coupe la tige rez terre.

Les feuilles enlevées, on les pose à terre les unes sur les autres par petits paquets; on les transporte ensuite à la ferme et, là, on leur fait éprouver d'abord une dessiccation graduée : celle-ci les amène peu à peu à une dessiccation complète, pour laquelle on emploie, au besoin, des séchoirs artificiels lorsque la chaleur naturelle du climat ne suffit pas.

Houblon.

Le houblon exige, pour sa réussite, une terre meuble, profonde et très-riche : les engrais les plus énergiques, tels que la colombine, la matière fécale, les tourteaux et les meilleurs fumiers d'étable lui sont spécialement applicables.

La houblonnière doit être placée à l'abri des grands vents, dans un sol défoncé à 50 centimètres de profondeur.

La plantation du houblon peut se faire de deux manières : en prenant des plants enracinés, qu'on met en place à l'automne, ou bien en éclatant de la souche des rejetons, qu'on met en terre au printemps, à 1 mètre 30 centimètres ou à 1 mètre 50 centimètres les uns des autres dans les lignes, celles-ci laissant entre elles un intervalle de 2 mètres. Les rejetons non enracinés, plantés au printemps, ne produisent qu'à l'automne de l'année suivante ; les plants enracinés, mis en terre à l'automne, produisent dès la fin de l'année suivante ; leur reprise est plus assurée, ils doivent avoir 15 centimètres de longueur et être munis de plusieurs bourgeons.

Le houblon, plante grimpante, a besoin d'être soutenu pendant sa végétation. La première année de la plantation, on ne lui donne que de petites perches, mais à partir de la seconde année, il faut lui donner des tuteurs plus élevés, par exemple, des perches de 7 mètres d'élévation ou, mieux encore, on fait courir les tiges sur des fils de fer que soutiennent des piquets de 2 mètres de hauteur. Chaque piquet peut donner appui à trois ou quatre tiges vigoureuses, qu'on dirige ensuite avec précaution sur les fils de fer, en les enroulant de droite à gauche, évolution naturelle du houblon.

Chaque année, pendant l'hiver, on laboure à la bêche la houblonnière et l'on dépose l'engrais au pied de la plante.

Dès le premier printemps, avant que les pousses ne sortent de terre, on procède au châtrage de la plante, c'est-à-dire qu'on déchausse chaque pied et l'on supprime les jets qui ont produit les tiges de l'année précédente. Suivant la force du pied on laisse trois ou quatre jets. Pendant le cours de la végétation, on bine, on butte le houblon et l'on attache les pousses autour des tuteurs.

Le houblon est en pleine maturité six semaines ou deux mois après sa floraison ; on reconnaît qu'il est propre à être récolté lorsque les cônes brunissent et laissent apercevoir à la surface des écailles la poussière jaune (lupuline), d'où s'é- chappe une forte odeur aromatique. Un ouvrier parcourt alors la houblonnière et coupe les som- mités des tiges qui se trouvent enroulées sur les tiges voisines ; il coupe ensuite les tiges à 1 mètre

du sol, il les enlève avec les perches et procède
à la cueillette des cônes. Dans les houblonnières
où les fils de fer remplacent les perches en bois,
on fait la récolte des cônes le long des lignes ;
quand une rangée a été dépouillée, on renverse
le fil de fer et les tiges à terre, afin de rendre la
circulation plus facile.

Les cônes, détachés de leurs tiges, sont déposés
dans des paniers et portés au grenier ou au sé-
choir artificiel, où l'on procède à leur dessiccation : quand ils sont suffisamment secs, on les
emballe dans des sacs, en ayant soin de les
presser fortement.

Récolte très-lucrative parfois, mais aussi très-
casuelle.

Aux approches de l'hiver, il est nécessaire,
dans les climats froids, de couvrir les pieds de
houblon d'une couche de terre de 33 centimètres
d'épaisseur pour les préserver de la gelée.

Le miellat et les pucerons qui se montrent à sa
suite, sont les deux principaux fléaux du houblon :
le miellat coïncide avec la floraison du houblon
et fait souvent avorter ses fleurs.

Cardère ou chardon à foulon.

La cardère donne ses produits les plus estimés
dans les terrains secs et de qualité inférieure ; dans
les sols profonds et riches la récolte est plus abondante, mais bien moins recherchée.

La semaille en lignes est préférable à la semaille à la volée : cette dernière rend les cultures difficiles et plus coûteuses en forçant de recourir aux façons à la main.

La cardère se sème avant l'hiver ou au printemps sur un ou deux labours. La graine doit être enterrée très-superficiellement ; on la répand, en général, à la main dans la raie ouverte par le rayonneur.

Certains cultivateurs sèment aussi la cardère dans le blé d'hiver, en faisant passer de distance en distance le rayonneur dans la céréale, le blé se trouve dès lors détruit sur chaque ligne tracée par l'instrument et remplacé par un semis de cardère. Tant que cette plante est associée au blé, sa végétation est pour ainsi dire suspendue, mais à peine la moisson a-t-elle laissé le champ libre, que les cardères reprennent vie, grâce au binage qu'on leur donne et aux premières pluies qui leur viennent en aide ; au printemps suivant, elles se développent avec rapidité. On les éclaircit avant l'hiver, en les espaçant à 30 centimètres dans les lignes.

La cardère, semée seule en automne, n'occupe le terrain que pendant une année ; elle l'occupe pendant dix-huit mois quand on la sème au printemps.

On bine une première fois dès que les plantes sont bien levées ; on revient à cette opération lorsqu'elles ont pris de la force, puis on éclaircit ;

avant les gelées, on butte pour préserver les plantes du froid.

L'écimage se pratique à la seconde année. Il consiste à supprimer, aussitôt qu'elle paraît, la tête de la plante placée à l'extrémité de la tige. Cette suppression refoule la séve dans les parties inférieures de la plante et donne lieu à la formation de jets latéraux qui, à leur tour, produisent des têtes ; les têtes secondaires trop volumineuses doivent encore être retranchées ; cette exubérance, toutefois, n'a lieu que dans les sols trop riches ; dans les terrains consacrés ordinairement à la culture de la cardère, il est rare qu'on ait à combattre cet inconvénient : une fois le capitule supérieur enlevé, toutes les autres têtes acquièrent, sans la dépasser, la grosseur demandée par le commerce.

On récolte les cardères lorsque les têtes deviennent roussâtres. On les détache de la tige au moyen d'une serpe en ne coupant qu'à 15 centimètres au-dessous du capitule, de manière à conserver une partie du pédoncule, indispensable pour fixer la cardère aux cadres des cardes. Les têtes de cardère coupées sont déposées dans un panier, on les vide ensuite sur une bâche placée à l'extrémité de la pièce et, de là, on les porte sur l'aire ou dans un grenier pour les faire sécher. La récolte doit être étendue par couches minces et remuée souvent pendant les premiers temps de son emmagasinement ; il faut avoir soin de la déposer dans un local qui ne soit ni humide ni trop sec.

Les qualités marchandes exigées des cardères sont une tête cylindrique, pourvue de crochets recourbés et élastiques et d'une belle teinte rousse.

La cardère passe pour une plante très-épuisante.

5. PLANTES FOURRAGÈRES.

Ce groupe comprend une série de plantes dont l'agriculture ne saurait se passer. La terre, fatiguée par les récoltes multipliées qu'on lui demande et dont chacune lui enlève successivement ses éléments de fertilité, tendrait à s'épuiser de plus en plus et arriverait enfin à un état voisin de la stérilité, si certaines plantes n'étaient douées de l'admirable propriété d'emprunter la plus grande partie de leur nourriture à l'atmosphère et ne venaient combler le déficit en laissant dans le sol une richesse qu'elles n'y ont point originairement trouvée. Ce bienfait inappréciable, l'agriculture le doit aux plantes fourragères. L'ombre dont elles couvrent le sol, les détritus nombreux qu'elles lui abandonnent, les engrais abondants dont elles sont la source, les frais peu considérables de culture qu'elles occasionnent, l'état d'ameublissement et de propreté où se trouve le terrain qu'elles ont occupé avec succès, leur propriété d'être un excellent précédent pour toutes les récoltes, les rangent parmi les plantes les plus précieuses. Elles ne sont pas le but même de la culture, mais elles fournissent le moyen de l'atteindre de la manière la plus parfaite et la plus économique ; aussi, dans les circonstances ordinaires, sans elles toute agriculture est-elle nécessairement fort incomplète ; avec elles, et dans des proportions bien réglées, toute agriculture est-elle assise sur sa véritable base.

Parmi les plantes fourragères, les unes sont, de leur nature, pérennes ; les autres occupent le sol pendant un certain nombre d'années ; d'autres sont simplement annuelles. Les premières constituent les prairies naturelles ; les autres sont désignées sous la dénomination générale de fourrages artificiels.

a. Prairies naturelles.

Bien que les fourrages artificiels aient enlevé aux prairies naturelles une partie de l'importance qu'elles avaient, quand tout l'édifice agricole reposait exclusivement sur elles, celles-ci n'en constituent pas moins une ressource précieuse, indispensable même dans certaines circonstances déterminées. On ne saurait mieux utiliser, par exemple, les terrains pauvres, difficiles à travailler, placés sous un climat humide et dans un pays où la main-d'œuvre est rare et coûteuse. Il faut en dire autant des sols sujets à être inondés ou dans lesquels la luzerne et le sainfoin viennent mal ou sont de peu de durée. La production de l'herbe, dans ce cas, dût-on se borner à la faire pâturer, devient d'un grand secours et forme le principal élément de bénéfices qu'on demanderait en vain à des cultures en apparence plus lucratives. Et même, dans de meilleures conditions, les prairies naturelles ne sont pas à dédaigner, surtout au début d'une exploitation : elles assurent, tout d'abord, la nourriture indispensable du bétail, elles laissent intact le fond de roulement et permettent de s'occuper d'améliorations urgentes qui, accroissant la fécondité du sol, le préparent à recevoir des plantes fourragères, plus exigeantes mais aussi plus productives, point de départ de l'affranchissement de l'exploitation et de son libre essor. Ajoutons que, dans tout état de cause, les prairies naturelles de bonne qualité, jouissant du bienfait de l'irrigation, ne le cèdent à aucun autre produit ; elles élèvent d'une manière permanente la rente du sol à un taux auquel bien peu de cultures pourraient le porter : à ces différents titres, elles sont une des branches capitales de l'agriculture.

A part la circonstance assez rare d'un sol et d'un climat tellement favorables à la production de l'herbe, qu'il suffise d'abandonner le terrain à lui-même pendant un certain temps, pour le voir se couvrir d'excellentes plantes fourragères, l'établissement d'une prairie naturelle n'est pas l'œuvre du hasard. Il ne suffit pas, comme on le fait si souvent, de jeter des déchets de fenil dans une terre épuisée, infestée de mauvaises plantes et plus ou moins mal travaillée, pour obtenir une prairie ; une telle négligence n'aboutit qu'à former des prés médiocres dont il faut acheter les médiocres résultats par plusieurs années de non-revenu ; la création d'une prairie exige beaucoup d'art. Trois considérations principales doivent y présider : le choix du terrain, les graines destinées à l'ensemencer, les soins à lui donner après sa formation.

L'herbe ne prospère que dans un terrain frais et en bon état de fertilité ; dans une terre sèche ou épuisée la prairie ne donne que de pauvres résultats. Le premier soin du cultivateur sera donc de choisir la situation la plus fraîche de son domaine pour y placer la prairie ; il faut ensuite préparer le sol par de bons labours, le purger complétement des plantes nuisibles, l'ameublir et le niveler avec soin, l'amener à un état suffisant de fertilité à l'aide du fumier et le mettre à l'abri de la stagnation des eaux au moyen de fossés d'écoulement.

L'ensemencement peut avoir lieu à l'automne ou au printemps. Dans un climat chaud le commencement de l'automne est préférable, l'humidité de cette saison assure mieux la levée des graines ; celles-ci, à cette époque, ne sont pas exposées à être contrariées dans leur végétation par les hâles si fréquents au printemps ;

elles ont, en outre, le temps de prendre assez de force à l'arrière-saison pour résister aux intempéries de l'hiver. Dans les climats froids, au contraire, on se trouve mieux de semer au printemps.

La plupart du temps, on sème les graines de pré dans une céréale. Mais, ainsi que pour toutes les plantes fourragères qui doivent occuper long-temps le sol, il serait bien plus avantageux de les semer seules, elles profiteraient ainsi exclusivement des principes fertilisants déposés dans le sol, elles jouiraient de plus d'air et de lumière, le terrain se trouverait moins effrité et son nettoiement serait plus facile.

Du choix de la semence dépend, en grande partie, le succès de la prairie. L'espèce et la qualité des plantes sont ici bien plus importantes que leur multiplicité. Quelques graminées bien choisies associées à quelques plantes fourragères de la famille des légumineuses seraient infiniment préférables, dans la plupart des cas, aux balayures de greniers employées presque partout et qui constituent un mélange grossier de plantes dont beaucoup n'ont entre elles aucune affinité de sol, de climat, de végétation et de propriétés nutritives. Malheureusement le commerce n'offre que des ressources incomplètes sous le rapport du choix des graines de pré et le cultivateur, s'il voulait faire choix d'espèces vraiment bonnes, serait réduit à en faire lui-même la recherche, pour se les procurer ensuite en certaines quantités à l'aide de semis faits en pépinière. Ce soin si important n'est observé nulle part; aussi rien de plus rare qu'un pré ensemencé d'espèces dont aucune ne soit rebutée du bétail ou même ne lui soit pas nuisible. On connaît par expérience, dans la famille des graminées et dans celle des légumineuses, les plantes qui forment le fond des bonnes prairies naturelles; mais nul doute qu'il n'y ait encore bien des conquêtes à faire sous ce rapport; les espèces les plus estimées pour la composition d'une prairie en terrain frais sont, parmi les graminées :

Le fromental ou avoine élevée (*avena elatior*), l'avoine des prés (*avena pratensis*), les houlques laineuse et molle (*holcus lanatus, mollis*), la fléole des prés (*phleum pratense*), le paturin des prés (*poa pratensis*), le paturin des bois (*poa nemoralis*), le paturin à feuilles étroites (*poa trivialis*), le vulpin des prés (*alopecurus pratensis*), l'agrostide traçante (*agrostis vulgaris*), le raygrass (*lolium perenne*), le dactyle pelotonné (*dactylis glomerata*), la flouve odorante (*anthoxantum odoratum*).

Parmi les légumineuses :

Le trèfle des prés (*trifolium pratense*), le trèfle blanc (*trifolium repens*), la lupuline (*medicago lupulina*), le lotier corniculé (*lotus corniculatus*).

Ces dernières plantes, mêlées avec les graminées

ci-dessus indiquées, contribuent beaucoup à l'amélioration de la prairie en *donnant du pied* à l'herbe et, par suite, en lui conservant de la fraîcheur; elles augmentent aussi la qualité et la quantité du foin. On sème ces graines mélangées à raison de 60 à 70 kilogrammes par hectare, les légumineuses entrant pour un sixième ou un septième dans cette proportion. Quelles que soient, du reste, les plantes auxquelles on donne la préférence pour la composition d'une prairie, elles doivent réunir ces deux conditions essentielles, d'être appropriées au sol et au climat et de fleurir toutes à peu près à la même époque.

L'ensemencement de la prairie peut rigoureusement s'effectuer tout d'un coup; il vaut mieux cependant semer les graines de pré en deux fois, par suite de leur pesanteur spécifique différente; on répand d'abord les graines légères des graminées, bien mêlées entre elles, puis on sème, en croisant, les semences plus lourdes des légumineuses qu'on leur associe; sans cette précaution, on s'exposerait à avoir certaines parties de la prairie garnies d'un petit nombre d'espèces, tandis que, pour son succès comme pour sa durée, il importe que la répartition de la semence soit faite aussi également que possible, afin qu'il y ait une grande variété de plantes sur tous les points. Cette opération exige l'intervention d'un habile semeur.

Les graines de pré doivent être enterrées superficiellement; une herse légère, un fagot d'épines ou même simplement un tour de rouleau si le sol est bien meuble et le temps frais, suffisent pour les mettre en état de germer; le tassement du sol à l'aide du rouleau favorise toujours la levée. Si l'on avait semé dans une céréale, il serait avantageux de ne pas attendre la maturité de la récolte pour la faucher; en la coupant en vert, on éviterait l'effritement du sol et son épuisement, on donnerait plus tôt de l'air au jeune pré et l'on assurerait son développement à l'arrière-saison. Mais sa réussite est bien plus certaine quand il est semé seul dans de bonnes conditions.

Les soins à donner à la prairie consistent à la tenir toujours bien nivelée, sans taupinière, sans eau stagnante et nette de mauvaises herbes, à l'arroser en temps convenable, si l'on dispose d'un cours d'eau, à activer sa végétation par des engrais et à la faucher à propos. Ces soins, bien observés, assurent à la prairie une durée presque illimitée.

Pendant l'hiver qui suit l'ensemencement, le bétail ne doit point entrer dans le pré; mais, au printemps suivant, alors que l'herbe est bien enracinée, il est avantageux d'y mettre des bêtes à laine; si l'on a soin de ne pas trop charger la prairie et de la faire pâturer avec discrétion par un temps sec, la dent des animaux, loin d'être nuisible, favorise le tallement de l'herbe : leur piétinement raffermit le sol, et leurs déjections stimulent la végétation. Aucun bétail, de quelque nature qu'il soit, ne doit entrer par un temps humide dans les prés, car alors les animaux pétrissent le terrain et l'herbe pourrit dans les endroits défoncés.

Le séjour des taupinières dans un pré est une preuve flagrante de la négligence du cultivateur; elles lui causent un véritable préjudice quand elles sont nombreuses, en étouffant l'herbe sous ces amas de terre et en empêchant la faux de raser le sol assez près. Sans doute, on ne peut pas toujours éviter que les taupes s'introduisent dans le pré; mais il est facile de leur faire la chasse et surtout d'empêcher leurs taupinières de s'accumuler; on les renverse avec l'instrument appelé *étaupinoir*, lorsque l'herbe commence à s'élever; celle-ci s'en trouve en quelque sorte chaussée : quand la prairie est soumise à l'irrigation, il suffit d'y mettre l'eau pour en faire disparaître les taupes. De bons fossés de ceinture et, au besoin, des rigoles d'écoulement lorsque la prairie offre un peu de pente, suffisent généralement pour empêcher l'eau de séjourner à sa surface; si le fond était mouilleux, il faudrait recourir à des moyens plus énergiques, tels que des fossés souterrains ou le drainage; mais on suppose que ces assainissements indispensables auront précédé l'établissement de la prairie; s'ils avaient été négligés, il serait urgent de les opérer le plus tôt possible, car il n'y a à attendre qu'un foin grossier de prés mouilleux ; et les herbes marécageuses, une fois maîtresses du sol, empêchent les bonnes espèces de s'y établir et les chassent bien vite partout où l'eau devient stagnante.

Autant l'eau qui séjourne à la surface des prés leur est nuisible, autant celle qui leur est donnée suivant leurs besoins contribue à leur prospérité ; lorsqu'elle contient elle-même des principes fertilisants, l'irrigation est complète : c'est alors que la prairie donne les produits les plus élevés.

On ne saurait établir de règles générales pour le temps et la durée de l'irrigation, ni pour la quantité d'eau à répandre sur les prairies : le climat, la saison, la nature du sol, etc., doivent être avant tout consultés. On sait toutefois qu'il est avantageux de mettre l'eau dans les prés quand ils souffrent de la sécheresse ; on les arrose quand l'herbe est en végétation ; l'irrigation doit être d'autant plus abondante que les plantes approchent davantage de leur floraison ; elle est nécessaire après chaque coupe pour exciter la pousse du regain : on cesse d'arroser à la fin de l'automne, avant les gelées.

La prairie exige d'autant plus d'eau ou des irrigations plus répétées, que le sol est plus léger et le climat plus sec.

Les prairies qu'on peut arroser avec des eaux

douées de propriétés fertilisantes, n'ont pas besoin de recevoir d'autres engrais; mais si les eaux d'arrosage ne contiennent aucun principe qui puisse servir à la nutrition des plantes, il est indispensable de leur appliquer des fumures, telles que des cendres, des terrages, des composts, du purin ou des fumiers d'étable : ces derniers peuvent être appliqués en couverture, en hiver, ou déposés dans des fosses par lesquelles on fait passer l'eau destinée à arroser la prairie; on s'épargne ainsi les frais d'épandement. On peut encore économiser cette dépense en faisant parquer le bétail sur les prés; aucune fumure n'agit sur eux avec autant d'efficacité, surtout dans les premières années de leur formation : cette excellente méthode, trop peu usitée en France, mériterait d'être propagée.

Le sarclage, rarement appliqué aux prairies, leur est toujours utile, souvent même indispensable la première et la deuxième année de leur création, pour débarrasser les bonnes espèces des plantes adventices et leur assurer la possession exclusive du sol : on l'exécute avec économie au moyen de la herse. Cet instrument extirpe sans peine les mauvaises herbes annuelles, mais d'autres plantes, comme les chardons, les patiences, certaines ombellifères, etc., exigent forcément le sarclage à la main, opération longue et coûteuse, mais à laquelle on a rarement besoin de revenir quand elle a été faite dès les premières années et que la prairie, entretenue avec soin, se trouve partout bien garnie.

L'époque à laquelle on doit récolter le foin exerce une grande influence sur la qualité du fourrage et sur l'appauvrissement du pré. Le moment le plus favorable pour faucher la prairie est celui où la plupart des plantes qui la composent sont en pleine fleur; on s'expose à ne récolter qu'un foin très-dur et peu nutritif si l'on diffère le fauchage jusqu'à l'époque de la maturité des graines: celles-ci se forment vite, une fois la fleur venue. Le faucheur doit couper l'herbe aussi **rez terre** que possible, sous peine de faire perdre une partie de la récolte toujours plus épaisse au pied des plantes. La première fauchée, quand on est favorisé par le beau temps, peut ne rester en andains qu'une partie de la matinée; vers le milieu du jour, on l'éparpille avec des fourches; le soir, on la réunit en petits tas. Ce qui est fauché pendant l'après-midi, doit être laissé sur le sol en andains tels que la faux les y a couchés; le lendemain, aussitôt que la rosée ou l'humidité de la nuit est dissipée, on éparpille l'herbe comme précédemment, puis on la réunit en tas avant la nuit : tous les tas doivent être successivement ouverts et répandus chaque matin après l'évaporation de la rosée et réunis derechef en tas plus forts, au fur et à mesure que la dessiccation s'avance, pour passer la nuit. Suivant l'état de la température, l'herbe est retournée à diverses reprises dans la journée. Dès qu'elle a été suffisamment aérée et qu'elle a perdu son humidité, on l'amoncelle en meules; elle y sue, jette son feu et y acquiert ses qualités définitives; ce résultat obtenu, il n'y a plus qu'à rentrer le foin au grenier; on peut aussi en former des meules qu'on laisse en plein air, il s'y conserve très-bien, pourvu qu'on ait eu la précaution de le tasser fortement.

Lorsque le temps se maintient beau, la fenaison ne présente pas de difficultés; il suffit, pour faire du bon foin, que l'opération marche vite, que l'herbe soit convenablement étendue, retournée et mise en meule avant qu'une trop grande dessiccation lui ait enlevé une partie de ses qualités. Il n'en est pas de même dans un climat humide ou lorsque des pluies tenaces viennent contrarier le fanage; le salut de la récolte dépend souvent, alors, de la diligence qu'on met à profiter de tous les instants favorables pour accélérer la dessiccation. « Tant que l'herbe est verte et pour ainsi dire encore vivante, dit M. de Dombasle, les pluies ne lui enlèvent aucun suc et lui font peu de tort; elle peut rester en andains pendant quelques jours, avec le soin de retourner seulement les andains sans les étendre si l'on s'aperçoit que le dessus jaunit; c'est le parti le plus prudent quand le temps est à la pluie. Lorsque les andains ont été étendus et que l'herbe a un commencement de dessiccation, on doit apporter le plus grand soin à éviter qu'elle soit exposée à une ondée de pluie ou à la rosée de la nuit, autrement qu'en tas ; dans tout le cours de la fenaison, aucune portion d'herbe ou de foin, dans les divers degrés de la dessiccation, ne doit jamais passer la nuit étendue sur le sol et l'on doit tout mettre en œuvre pour éviter que le foin reçoive jamais une ondée dans cette position. On fait les tas très-petits lorsque la dessiccation commence et, à mesure qu'elle s'avance, on en augmente le volume. A chaque intervalle de beau temps, on étend les tas, petits et gros ; on retourne fréquemment le foin pour le mettre promptement en tas le soir, ou lorsque la pluie s'annonce. En mettant à cette manœuvre de l'intelligence et beaucoup d'activité, le cultivateur pourra être assuré, non pas de faire du foin de première qualité dans certaines saisons, où la fenaison est contrariée par des pluies opiniâtres, mais du moins de n'en avoir jamais de gâté. Son foin pourra être de moins belle apparence, mais il perdra peu sous le rapport de la qualité nutritive pour le bétail. »

Le regain se traite exactement comme le foin de première coupe, seulement sa dessiccation est d'autant plus difficile, que l'époque de la saison est plus avancée.

La conversion de l'herbe en foin est le moyen le plus généralement usité pour tirer parti des prairies ; on peut encore trouver de l'avantage à faire faucher l'herbe avant sa floraison pour la faire consommer en vert à l'étable, ou bien la faire pâturer sur place par le bétail. Dans ce dernier cas, à moins que le pâturage n'ait lieu *au piquet*, ce qui cantonne chaque bête dans un espace déterminé et lui assigne une ration journalière, il convient de partager la prairie en enclos dont on calcule le nombre et l'étendue d'après l'état de la prairie, l'espèce et la quantité de bestiaux qui doivent consommer ses produits : chaque enclos est tour à tour affecté au bétail. Aussitôt que l'un d'eux a été pâturé, on fait passer les animaux dans un autre enclos ; on étend avec soin les excréments qu'ils y ont déposés et on les ramène dans ceux qu'ils ont déjà pâturés quand l'herbe est suffisamment repoussée ; parfois aussi, on réserve cette seconde herbe pour la récolter comme foin. Les circonstances économiques au milieu desquelles le cultivateur se trouve placé, peuvent seules déterminer la préférence à accorder à telle ou telle méthode.

Il est, enfin, un dernier moyen de tirer parti d'une prairie, c'est d'exploiter la mine qu'elle renferme, de la défricher pour en obtenir des céréales ou d'autres produits annuels avant de la mettre de nouveau en pré. Cette conversion des prés en terres arables et des terres arables en prés, toute séduisante qu'elle soit au premier abord, n'est pas sans difficulté ; elle n'est profitable qu'autant que l'opération est conduite avec beaucoup de circonspection. Sans doute le défrichement des prés procure parfois de beaux bénéfices lorsqu'on sait user avec discrétion de la richesse accumulée dans le sol; mais trop souvent on l'exploite à outrance, on dépasse les limites qu'il aurait fallu respecter dans l'intérêt des récoltes futures, de là l'épuisement du sol, épuisement d'autant plus fâcheux qu'il faudra ensuite une longue série d'années pour le réparer. Dans l'opération délicate du défrichement d'un pré, on ne doit jamais perdre de vue qu'une bonne prairie ne s'improvise pas; elle est l'œuvre du temps et le résultat de soins nombreux et intelligents, c'est un capital de réserve qu'il faut savoir ménager. Tant que la prairie donne des produits satisfaisants il est prudent de la conserver; son rendement vient-il à baisser sensiblement ou nécessiterait-il de fortes avances d'engrais pour être relevé, alors, mais seulement alors, il est permis de songer à défricher : dans tous les cas, il faut bien se garder de tuer la poule aux œufs d'or en se montrant plus exigeant que les forces du sol ne le comportent. On pourra sans scrupule sur un gazon renversé prendre deux récoltes successives de grains; à la troisième année du défrichement, on ne négligera rien pour procurer l'ameublissement complet du sol et le tenir net de mauvaises herbes, au besoin même on lui appliquera une fumure : c'est ainsi qu'on le mettra à même de recevoir une prairie artificielle, véritable moyen de continuer et d'accroître la fertilité dont la prairie naturelle avait jeté les bases.

b. Prairies artificielles.

La faculté de se nourrir principalement aux dépens de l'atmosphère, faculté que les prairies artificielles possèdent au plus haut degré; la ressource qu'elles présentent de fournir, en peu de temps, une masse considérable de fourrage qui permet de bien nourrir un grand nombre de bestiaux, d'où résultent et plus de fumiers et des fumiers de meilleure qualité; l'économie d'engrais qu'elles procurent en enrichissant, sans fumure, le sol dont elles ont pris possession et en permettant de réserver les fumiers pour d'autres cultures plus exigeantes; la suppression des jachères périodiques qui résulte de cette importante économie, d'où suit nécessairement une plus grande production de paille et de grains; la source presque intarissable de fertilité que les prairies artificielles ouvrent à toutes les terres arables appelées à les recevoir; l'avantage qu'elles ont sur les prairies naturelles de livrer, à courte échéance, les éléments de richesse qu'elles ont déposés dans la terre; les facilités qu'elles donnent pour alterner les récoltes, dont elles éloignent ainsi le retour sur le même champ, les rendent extrêmement précieuses au cultivateur qui veut tirer du sol le bénéfice le plus élevé; aussi les regarde-t-on comme la conquête la plus importante de l'agriculture moderne et désormais comme son pivot obligé.

12

Les principaux fourrages cultivés comme prairies artificielles sont : la luzerne, le trèfle, le sainfoin, la vesce, les pois, le farouch ou trèfle incarnat, la lupuline et l'ajonc ; on peut encore ranger à leur suite les plantes semées comme fourrages verts ; les plus usitées en France sont : le maïs, le trèfle blanc, le chou cavalier, le moha, le seigle et l'orge.

Luzerne.

La luzerne est sans contredit le fourrage par excellence pour les terres du midi de la France qui, sous l'action d'une saison chaude prolongée, conservent une certaine fraîcheur naturelle ou peuvent être arrosées. Mais, bien que cette plante exige une somme de température élevée pour croître rapidement sous la faux et donner son maximum de produit, elle le dispute encore aux meilleures plantes fourragères dans des climats moins favorisés du soleil, quand on la cultive avec soin.

Le meilleur sol pour la luzerne, sous un climat sec, est une terre d'alluvion de consistance moyenne, plutôt forte que légère, très-profonde ; sous un climat humide, une terre plutôt légère que forte, ayant beaucoup de fond, est préférable ; dans l'une et l'autre condition, sa réussite n'est complète, qu'autant que le sol contient une certaine proportion de calcaire.

La durée de la luzerne, abstraction faite de son

retour sur le même champ, dépend de la profondeur et de la nature du sous-sol. La couche arable, par sa composition et sa richesse, peut bien assurer sa levée et suffire à son développement pendant les premières années; mais, en dehors de cette première impulsion, elle n'exerce plus qu'une influence secondaire sur la longévité de la luzerne; le sous-sol joue alors le principal rôle : la luzerne projette ses racines dans les couches inférieures du terrain, elles vont y chercher leur nourriture; plus elles s'y développent librement, plus elles y plongent avant, plus la luzerne a de chances de voir son existence se prolonger.

C'est dans ces conditions naturelles que la luzerne donne ses plus hauts produits et qu'elle dure le plus longtemps; mais, à part les terrains qui retiennent l'eau à leur surface ou dans leurs couches inférieures, et les sols trop superficiels pour qu'elle puisse s'y implanter, la luzerne vient à peu près partout, pourvu qu'on ne la place pas dans une position extrême, dans une argile tenace, un sable pur ou une terre excessivement calcaire; elle s'arrange de tous les sols intermédiaires qui ont du fond et qui sont cultivés avec soin : sa durée seule y est plus ou moins limitée, selon la profondeur plus ou moins grande du sous-sol et suivant que celui-ci est plus ou moins homogène.

Le terrain destiné à la luzerne doit être, non-seulement labouré profondément, mais défoncé; c'est aussi ce qui se pratique dans le midi où cette

plante est parfaitement cultivée. Dans la plaine de
Nîmes, dans le bassin de l'Hérault et dans les départements du Rhône et de Vaucluse, on défonce
le sol à 48 ou 50 centimètres ; les uns pelleversent
le terrain en hiver, les autres creusent d'un fer
de bêche la raie ouverte par le labour ; la charrue
à défoncer et la charrue sous-sol appliquées à ce
travail, permettent de l'exécuter en grand avec
économie. L'ameublissement de la couche arable,
sa fertilité et sa parfaite propreté sont encore des
conditions indispensables pour le succès de la luzerne.

L'ameublissement du sol a pour but de rendre
la semaille aussi égale que possible et de favoriser son premier développement, de manière
que toutes les plantes, levant en même temps,
croissent avec la même vigueur et que le terrain soit
partout bien garni. Si le labour de défoncement a
eu lieu en hiver, si l'action des gelées s'est fait
sentir, il suffira souvent de passer le scarificateur,
la herse et le rouleau sur le sol pour l'amener à
l'état de pulvérisation le plus désirable ; mais si
le terrain est resté motteux ou si les pluies l'ont
battu, il faudra recourir à de nouveaux labours
qui ne dispenseront pas, la plupart du temps, de
l'emploi des instruments destinés à procurer son
ameublissement définitif. Ces façons si multipliées
sont sans doute fort coûteuses, mais elles ne sont
point un luxe inutile ; la luzerne veut un sol préparé, pour ainsi dire, comme une terre de jardin,

et mieux vaudrait renoncer à cette culture que de
la faire dans de mauvaises conditions : sa durée en
dépend.

C'est aussi par cette raison qu'il convient de la
semer dans un sol exempt de mauvaises herbes et
en bon état d'engrais. Les mauvaises herbes vivaces telles que le chiendent, l'agrostide traçante,
certains brômes, etc., doivent surtout être détruits
avec le plus grand soin ; elles sont infiniment plus
dangereuses que les mauvaises herbes annuelles
qui ne se reproduisent que par leurs semences.
Celles-ci ne résistent guère au premier coup de
faux, quand on ne les a pas laissées grainer ; elles
contrarient la première croissance de la luzerne,
mais elles ne la tuent pas, en général ; les autres,
au contraire, non-seulement l'appauvrissent en lui
enlevant une partie de sa nourriture, mais leur
végétation envahissante finit par circonvenir et
enserrer la luzerne au point de l'étouffer et de se
rendre maîtresse absolue de la place : c'en est fait,
dès lors, de la luzernière, les sarclages n'y peuvent
plus rien, il faut défricher.

La plus forte fumure n'a rien de trop pour la
luzerne, il est essentiel de lui imprimer un vigoureux essor dès son début ; cette obligation de
bien fumer est d'autant plus rigoureuse, que la
plante est revenue plus souvent à la même place :
on peut se contenter d'une bonne fumure ordinaire si c'est pour la première fois qu'on sème
la luzerne dans un terrain naturellement riche

et profond et sous un climat qui lui soit favorable.

Suivant les pays, on a coutume de semer la luzerne à l'automne ou au printemps.

La semaille d'automne vaut mieux pour le midi de la France. Les gelées tardives sont souvent à craindre au printemps ; à cette époque, d'ailleurs, le sol est trop sujet à perdre sa fraîcheur par un soleil brûlant ou par des vents violents, pour qu'on coure les chances d'une pluie qui peut-être se fera attendre pendant des mois entiers et dont l'absence expose la semence à ne pas germer ou, qui pis est, à être brûlée par la sécheresse après sa levée. Toutefois, pour que la semaille d'automne réussisse, il faut que la terre, bien préparée à l'avance, possède une humidité suffisante et que la luzerne soit semée d'assez bonne heure pour avoir le temps de prendre possession du sol et se fortifier de manière à résister aux froids de l'hiver.

Dans le centre et le nord de la France et partout où les printemps sont plutôt humides que secs et où l'on a à redouter des hivers rigoureux, la semaille du printemps est préférable; on sème alors la luzerne à la volée dans une céréale d'hiver ou dans une orge ou une avoine de printemps, depuis 20 jusqu'à 30 kilogrammes de graines par hectare. Mais, n'en déplaise à l'usage généralement reçu, cette association porte un grand préjudice à la luzerne qui veut être semée seule. On cherche, il est vrai, à s'épargner ainsi les frais d'une préparation spéciale du sol et à ne pas perdre une année de produit; mais c'est là un faux calcul. D'une part, la luzerne, semée dans une céréale, ne trouve pas les conditions de culture profonde qu'elle réclame impérieusement pour sa durée; de l'autre, associée à une céréale qui absorbe la majeure partie des engrais, tient le sol serré sous sa puissante végétation et ne comporte que des sarclages imparfaits, la luzerne lève mal, reste claire et a beaucoup de peine à se refaire de ce premier état de souffrance; que si l'on se croit absolument obligé de la semer au printemps dans une récolte, le sarrasin convient mieux que toute espèce de céréale pour abriter la jeune luzerne, surtout en ne le laissant pas arriver à maturité. La récolte qu'on prend pendant l'année de la semaille est loin de compenser le tort irréparable fait à une plante qui doit occuper longtemps le sol et qui, à ce seul titre, mériterait bien qu'on lui fît de larges avances. Les cultivateurs du midi, nos maîtres en cela, se gardent bien de traiter la luzerne avec le laisser aller des agriculteurs du nord; ils la sèment seule, n'épargnent aucuns frais pour sa réussite, aussi les produits qu'ils en obtiennent n'ont-ils aucune proportion avec les médiocres résultats qu'on en retire ailleurs et les payent-ils généreusement de leurs soins judicieux.

La luzerne, semée dans une céréale, ne reçoit d'autre façon (quand elle la reçoit), que le her-

sage qui accompagne ordinairement son ensemencement. Dans le midi, les cultivateurs qui la sèment seule, la recouvrent par un léger coup de
herse, ou simplement en donnant un tour de
rouleau; ils la sarclent à la main dès qu'elle est
bien sortie de terre et la purgent ainsi de toutes
les plantes adventices qui nuiraient à son développement. Après la première année de fauchage,
cette opération dispendieuse est remplacée par le
travail de la herse bien plus applicable à la grande
culture; plus tard, quand la luzerne est en pleine
végétation, on la stimule par des engrais terreux
ou liquides; lorsqu'elle tire vers son déclin, on
la réveille à l'aide d'un araire sans versoir ou du
scarificateur, elle supporte très-bien ce rude labeur : quelques agriculteurs ont adopté l'usage
de la herse après chaque coupe et s'en trouvent
bien, surtout au point de vue de la netteté du
champ.

Le plâtre répandu sur la luzerne, soit en hiver,
soit au printemps, dans la proportion de 3 à
4 hectolitres par hectare, produit d'excellents résultats; il en est de même pour tous les autres
fourrages artificiels.

Sous le climat du midi de la France, la luzerne,
placée dans les bonnes terres profondes qui gardent naturellement leur fraîcheur en été ou reçoivent le secours de l'arrosage, donne ordinairement cinq coupes et un regain par an. On
fauche dès que la plante commence à montrer

fleur; dans plusieurs contrées, notamment dans l'Hérault, on devance un peu ce moment, on coupe dès que le bouton est bien apparent : on assure, par là, une repousse prompte et vigoureuse. Dans les climats plus au nord, on attend, en général, que la luzerne soit bien fleurie pour y mettre la faux : la différence des climats explique et justifie chacune de ces méthodes. Quelle que soit, du reste, celle qu'on adopte, il importe de ne pas laisser trop longtemps la luzerne sur pied quand le moment opportun de la récolter est venu; le terme extrême pour la faucher est indiqué par les jeunes repousses de la luzerne; dès qu'on les aperçoit au pied de la plante, ou que celle-ci commence à perdre ses feuilles inférieures, on est déjà en retard, il convient de faucher sans délai. Il est, toutefois, une exception à cette règle, c'est, indépendamment du mauvais temps, qui force à ajourner le fauchage, la présence du négril (*colapsis atra*) dans la luzernière. Cet insecte, fléau des luzernes du midi, se montre à l'état de larve et par myriades innombrables à l'époque de la pousse de la seconde coupe. On sait qu'il lui suffit de quelques jours pour ravager une luzerne, comme si le feu y avait passé. De tous les remèdes proposés pour arrêter ou, pour mieux dire, pour atténuer les dégâts de cet insecte, le plus efficace consiste à retarder la première coupe jusqu'au moment de l'apparition des larves; dès que celles-ci envahisent la luzerne, on y met les faucheurs; l'insecte, pris par la famine, vide la place et se jette sur les autres luzernes restées debout : haies, fossés, champs incultes ou cultivés, rien ne l'arrête, il franchit tous les obstacles; heureusement, il n'est à redouter qu'à son état de larve. Jusqu'ici, les luzernes du midi et du sud-ouest connaissent seules ce fléau. Dans le nord de la France, on ne peut compter que sur trois coupes.

La luzerne, semée au printemps dans une céréale, est rarement fauchable à la fin de la première année dans les climats froids. Dans le midi, la luzerne, semée seule au printemps, donne déjà un produit à la première année; celle qu'on a semée avant l'hiver, se fauche plusieurs fois dès la première année de la végétation, mais ce n'est qu'à la fin de la deuxième année qu'elle est en plein rapport : les deux premières coupes, dans les conditions ordinaires de la température, sont toujours les plus abondantes.

Les procédés de dessiccation varient suivant les climats. Dans les contrées à climat sec, la récolte de la luzerne et des autres fourrages artificiels s'opère avec une grande facilité. Il suffit souvent de retourner une fois les andains; le lendemain du fauchage, on les met en meulons et dès le second jour le fourrage est en état d'être rentré.

Il n'en va pas de même dans les contrées à climat humide où le fanage est exposé à être contrarié par la pluie, la dessiccation de la luzerne y réclame les plus grands soins. Le premier jour, on laisse le fourrage en andains, tels que la faux les a disposés. Le second jour, on les retourne avec le manche d'un râteau; quand ils ont acquis un commencement de dessiccation, on les met en petits tas qu'on se borne à aérer de temps en temps, dès que le temps le permet. A mesure que la dessiccation avance, on réunit les tas en meulons de 2 mètres environ de hauteur; la luzerne achève de s'y faner et, quelques jours après, on peut rentrer la récolte. Si les pluies étaient continues, il faudrait se hâter de mettre en meulons tous les tas dont la dessiccation serait assez avancée pour ne pas craindre une fermentation violente; on profiterait avec diligence des intervalles de beau temps pour défaire les meulons et les aérer, puis on les reformerait avec soin aussitôt que le temps redeviendrait menaçant. Traité de la sorte, le fourrage sans doute n'est pas de première qualité, résultat à peu près impossible avec des pluies tenaces, il éprouverait même une assez forte dépréciation sur le marché, faute de couleur et d'arome, mais, du moins, il est sauvé et peut très-bien servir à la nourriture du bétail de l'exploitation.

La dernière coupe de luzerne se traite de même que les autres; l'époque avancée de la saison en rend souvent la dessiccation difficile, aussi la plupart des cultivateurs préfèrent-ils la faire manger sur place. Quelques-uns, après lui avoir fait subir un fanage assez avancé, la stratifient couche par couche avec de la paille et la saupoudrent en même temps de sel. Le regain, préparé de cette manière, se sèche beaucoup plus vite, il communique une partie de ses qualités à la paille transformée, par l'addition du sel et son mélange avec la luzerne, en un très-bon fourrage : tous les animaux le mangent avec avidité. Cette excellente méthode de traiter le regain devrait être adoptée surtout dans les contrées à climat humide.

Indépendamment de son excellent fourrage sec, la luzerne fournit encore une ressource précieuse pour la nourriture des animaux à l'étable; toute espèce de bétail la recherche en vert, il faut alors avoir soin de ne la donner qu'après l'avoir laissée se faner pendant quelques heures, car elle météorise fortement quand elle est fraîche : il en est de même du trèfle, du sainfoin, de la vesce, etc.

La graine de luzerne est encore un produit de cette plante qui n'est point à dédaigner, dans le midi surtout où elle acquiert toutes ses qualités. Ce n'est que sur les vieilles luzernes qu'il convient de la prendre, sous peine d'épuiser les autres et d'abréger considérablement leur durée. La troisième coupe est ordinairement réservée dans ce but. On fauche quand les gousses présentent généralement une couleur noire; après qu'elles ont subi un certain point de dessiccation, on les bat au fléau pour en extraire la graine. Dans certaines localités, on laboure superficiellement la luzerne dont on n'attend plus de récoltes de fourrage ; sur ce défriché incomplet on sème en automne de l'avoine ou du blé ; après la moisson, la luzerne reparaît, on la conserve alors comme porte-graines, d'autant meilleure qu'elle est plus clair-semée ; elle fournit une semence de première qualité et fort abondante : ce procédé ne peut être suivi avec succès que sous un climat méridional.

La luzerne, placée dans de bonnes conditions et avec des soins bien entendus, peut donner pendant longtemps des produits considérables ; vient un moment cependant, où les couches inférieures du sol dans lesquelles elle cherchait sa nourriture sont épuisées ; malgré tous les efforts du cultivateur, la plante s'éclaircit et son rendement baisse de plus en plus. Il ne faut pas attendre que ses produits soient devenus tout à fait insignifiants pour la défricher ; en agissant ainsi, on commettrait deux fautes graves : la première, de laisser les mauvaises herbes envahir un sol que ne défendrait plus la végétation serrée de la luzerne ; la seconde, de voir se dissiper en pure perte une partie de la fertilité qui s'y trouve accumulée. On se décidera donc sans précipitation mais aussi sans faiblesse, à rompre la luzerne quand elle aura fini son temps : bien entendu, on aura eu soin, les années précédentes, de jeter les bases d'une nouvelle luzernière destinée à remplacer celle qui s'en va.

Le défrichement de la luzerne exige une bonne

charrue, si l'on veut que la plante soit bien retournée et ne repousse pas à travers les récoltes
qui lui succéderont. Tantôt on l'opère à fond et
d'un seul coup, tantôt on préfère ne l'attaquer
que superficiellement afin de se ménager plusieurs
couches qu'on exploite successivement. Quel
que soit celui de ces procédés qu'on emploie, une
luzerne bien réussie et qui a duré longtemps est
une mine féconde de richesse végétale, on peut
lui demander, sans engrais, plusieurs récoltes consécutives de céréales : l'exemple de la plaine de
Nîmes et l'usage constant des départements voisins justifient cette prétendue hérésie, qui ne devient une faute, qu'autant qu'on abuse de la fertilité accumulée dans les vieilles luzernières pour
épuiser cette réserve providentielle et ruiner le
sol.

La luzerne a deux ennemis qui la font souvent
périr, le rhizoctone et la cuscute. Le premier est
un cryptogame qui s'implante sur sa racine et
entraîne la mort de la plante. On reconnaît extérieurement sa présence anx vides circulaires
qu'il fait dans la luzernière et qui vont toujours
s'étendant. On ne connaît aucun moyen de le
détruire ni de s'en préserver ; il est plus commun
dans le midi que dans le nord de la France. Le
second est répandu partout, c'est la cuscute,
plante parasite qui projette ses filets sur les tiges
de la luzerne et gagne de proche en proche du
terrain, au point d'envahir en peu de temps tout

un champ de luzerne et, par suite, de l'étouffer.
Le meilleur moyen de s'en préserver est de n'employer que de la semence de luzerne exempte de graines de cuscute; on peut aussi, quand cette détestable plante se montre dans une luzerne, cerner par une tranchée les places qu'elle a envahies, les écobuer avant que la cuscute soit en graines ou les couvrir de paille à laquelle on met le feu; le fauchage répété de la luzerne, aussitôt qu'elle a atteint 6 à 8 centimètres de hauteur, est encore un moyen de se débarrasser de la cuscute, plante annuelle, qui ne reparaît plus alors l'année suivante : l'écobuage et le brûlis sont plus efficaces.

La luzerne est un excellent précédent pour toutes les récoltes, mais il ne faut pas songer à la ramener sur le même sol avant un laps de temps au moins égal à celui pendant lequel elle l'a primitivement occupé. L'incertitude de sa durée et sa longue possession du sol la font mettre ordinairement en dehors de l'assolement; c'est là sa véritable place. En l'admettant dans la rotation, on s'expose à la défricher tandis qu'elle est encore en plein rapport, lorsque le tour d'une autre récolte est arrivé et l'on se prive ainsi gratuitement d'un excellent produit, ou bien on se voit forcé de bouleverser l'ordre des cultures, lorsque sa mauvaise réussite oblige à la rompre avant le temps sur lequel on avait compté.

Une luzernière bien établie, dont on a réglé

l'importance sur les besoins de la ferme et qu'on a soin de maintenir dans la même proportion à l'aide de jeunes luzernes destinées à remplacer les anciennes, devient le plus puissant auxiliaire de l'exploitation. Non-seulement elle tient lieu de prés et permet de s'en passer entièrement, mais nulle prairie ne peut lui être comparée, à surface égale, pour l'abondance des produits. La luzerne bien récoltée vaut le foin de première qualité.

Trèfle des prés.

Le trèfle est aux climats humides ce qu'est la luzerne pour les climats secs, le premier de tous les fourrages artificiels. Dans les contrées où le printemps est plutôt humide que sec, il devient le principal pivot d'un bon assolement : partout son introduction judicieuse a été le signal de progrès remarquables.

Le trèfle, par les riches débris qu'il laisse dans le sol, forme un excellent précédent pour toutes les récoltes ; ce bienfait est d'autant plus sensible que le fourrage a été plus abondant ; il s'étend non-seulement à la plante qui lui succède immédiatement, mais il se fait encore apercevoir l'année suivante ; toutefois, il n'a lieu qu'autant que le trèfle a bien réussi. Est-il mal venu, est-il resté clair et les mauvaises herbes l'ont-elles envahi, le champ, loin d'éprouver de l'amélioration, se trouve plus épuisé par cette culture : ici, ce n'est pas le trèfle qui a tort, c'est le cultivateur qui est en faute par sa négligence.

Quoique le trèfle, sous un climat humide et à l'aide d'une culture soignée, puisse venir même dans une terre très-sablonneuse; les sols frais, dans la plupart des circonstances, sont les seuls où il réussisse. Il se plaît dans les terres argileuses, tenaces, en bon état d'ameublissement, de netteté et de fertilité et il les améliore en les divisant; les bons sols à blé et surtout les terres marneuses lui conviennent. C'est dans ces dernières, lorsqu'elles sont bien traitées, qu'il végète avec le plus de force, qu'il acquiert tout son développement et qu'on peut le faire revenir plus souvent sur lui-même.

L'usage général, justifié par le peu de durée du trèfle et par son rendement presque nul la première année, est de le semer dans une autre récolte qui lui sert d'abri. Plutôt celle-ci cède sa place, plus tôt le trèfle se fortifie. On sème ordinairement le trèfle dans une céréale d'automne ou de printemps et malheureusement presque toujours dans l'avoine qui succède au blé. Ainsi relégué dans une terre déjà épuisée par deux récoltes consécutives de grains et souvent infestée de mauvaises herbes, le trèfle est exposé, la plupart du temps, à être étouffé par les herbes adventices. Il naît mal, se développe imparfaitement et, par suite, se laisse envahir par une foule de plantes, il profite peu au sol et le laisse surtout extrêmement sale.

La véritable place du trèfle est dans la céréale qui suit une récolte sarclée et fumée, par exemple, dans une orge ou une avoine succédant à des pommes de terre; on le sème aussi avec avantage dans du lin ou bien dans des vesces ou du sarrasin destinés à être fauchés en vert.

Dans le midi, la semaille du trèfle n'est assurée qu'autant qu'elle a lieu à l'automne; l'humidité de la saison favorise alors sa sortie; par cette raison, il végète avec force dès le printemps, mais aussi il cause un préjudice réel à la céréale à laquelle il est associé. Dans le nord, le trèfle est sujet à être détruit par les intempéries de l'hiver, c'est pourquoi on préfère le semer au printemps, soit dans le blé mis en terre à l'automne, soit dans les céréales de printemps. Dans le premier cas, on répand la semence de trèfle après avoir hersé le blé et on l'enterre par un léger coup de herse ou simplement par un tour de rouleau; dans le second cas, c'est-à-dire dans les céréales de printemps, on peut semer la graine de trèfle au moment où l'on va enfouir le grain à la herse, ou après avoir hersé la céréale déjà levée : un tour de rouleau, si la terre est déjà meuble et si le temps n'est pas trop sec, suffit alors pour mettre la semence en état de germer : ce dernier procédé est le plus usité quand on sème le trèfle dans l'avoine. Quelle que soit, du reste, l'espèce de céréale à laquelle on l'associe, il est essentiel de semer le grain un peu plus clair que de coutume, surtout dans les terres riches, afin que le trèfle ne soit pas étouffé pendant sa première végétation.

Toutes circonstances égales, les semailles les plus précoces au printemps, sont celles qui réussissent le mieux.

Mieux le sol est préparé, c'est-à-dire plus la couche arable est ameublie, en bon état d'engrais et de propreté, moins il faut de semence; il en faut d'autant plus, que ces conditions sont moins bien remplies, surtout dans un sol compacte. La semence doit être enterrée très-superficiellement. La graine de trèfle la plus récente est la meilleure, la vieille graine lève tard et inégalement; suivant les localités, on met de 15 à 20 kilogrammes par hectare.

Le trèfle, semé dans une céréale, y trouve ordinairement un engrais de date récente; on n'a pas besoin alors de lui appliquer du fumier après la récolte enlevée. Mais, si le sol se trouvait fatigué par la succession immédiate de plusieurs grains ou s'il se souvenait à peine de la précédente fumure, la réussite du trèfle placé dans de si tristes conditions serait fort hasardée, à moins d'une température tout à fait privilégiée; le plus sage, dans ce cas, est de ne point trop compter sur l'atmosphère, il vaut mieux mettre les chances favorables de son côté, en appliquant une fumure en couverture au trèfle dans le courant de l'hiver : on assure, par ce moyen, son succès.

Les engrais liquides répandus soit en hiver, soit au printemps, avant ou après chaque coupe, impriment une grande vigueur au trèfle et élèvent ses produits au maximum de rendement ; mais bien peu de cultivateurs sont assez riches d'engrais pour user de ce moyen sur de grandes surfaces ; un tel luxe n'est guère permis qu'à la petite culture, il lui convient essentiellement. Les mêmes réflexions s'appliquent à l'emploi des cendres, des composts, de la colombine, etc.

Il n'en est pas de même du plâtre sur les champs de trèfle ; là où l'on peut s'en procurer à un prix raisonnable, il y a grand profit à stimuler le trèfle par cet engrais minéral, il produit sur lui les mêmes bons effets que sur la luzerne ; on le répand dans la proportion de 2 à 4 hectolitres par hectare, en une seule fois en hiver ou au printemps, avant ou après la reprise de la végétation, ou même après chaque coupe : la dose totale du plâtre est alors divisée par moitié.

Le hersage appliqué après chaque coupe ou dès le premier printemps, lorsque le trèfle a acquis assez de force pour le supporter, ne lui est pas moins utile qu'à la luzerne.

Le trèfle donne ordinairement deux bonnes coupes et un regain, ce dernier est le plus souvent pâturé.

Toutes les fois que le trèfle doit être consommé en vert, il convient, suivant Schwertz, de le couper aussitôt que la faux peut le saisir. Plutôt on commence à le faucher, plus vite il repousse ; c'est, d'ailleurs, le moyen de se procurer toujours du fourrage tendre, si recherché par le bétail, surtout par les vaches laitières et les jeunes animaux, et de régler les coupes de telle sorte, qu'elles se succèdent à peu près sans interruption, chose essentielle dans les exploitations où la nourriture à l'étable est fondée principalement sur le trèfle.

La dessiccation du trèfle destiné à être engrangé, s'effectue de la même manière que pour la luzerne, seulement, étant plus aqueux, il est plus long à faner. Il faut, autant que possible, le couper lorsque toutes les têtes sont en pleine fleur, c'est le moment où il rend davantage ; en le coupant un peu avant sa complète floraison, on obtient un fourrage plus fin de qualité et l'on assure davantage le succès de la seconde coupe.

La fenaison du trèfle, dans les pays très-humides, a donné lieu à un procédé particulier connu sous le nom de *Méthode à la Klappmeyer*, qui transforme la récolte du trèfle en foin brun. Il consiste à mettre le trèfle en gros tas contenant chacun plusieurs charretées de fourrage, le lendemain soir du jour où il a été fauché ; la récolte, en cet état, a à peine éprouvé un commencement de dessiccation. Ainsi amoncelé presque vert, le trèfle subit une violente fermentation ; quand il s'y est développé une chaleur telle, que la main, introduite dans l'intérieur du tas, ne puisse la supporter, on renverse la meule et on épand à l'entour le fourrage dont elle était formée : sa dessiccation s'effectue très-rapidement, après quelques heures d'aération. Cette opération, au premier coup d'œil si simple, si avantageuse, présente des difficultés si considérables, tant sous le rapport de l'état de l'atmosphère que par rapport au moment précis qu'il faut saisir pour démonter les meules en fermentation et aux bras nombreux qu'elle exige tout à coup, qu'en France on la connaît plus par la théorie qu'on ne la met en pratique : à moins donc d'un climat tout exceptionnel où la méthode à la Klappmeyer peut être utile, on fera bien de s'en tenir aux procédés ordinaires de dessiccation du trèfle; bien observés, ils suffisent pour rentrer un excellent fourrage.

Les falsifications dont la graine de trèfle est si souvent l'objet, font en quelque sorte une obligation au cultivateur de produire lui-même sa semence. C'est la seconde coupe qu'on réserve ordinairement dans ce but; il est bon de la prendre sur un trèfle bien venu, mais non trop vigoureux; dans ce cas, on devance un peu l'époque de la fauchaison de la première coupe, afin que le trèfle porte-graine ait le temps d'arriver à parfaite maturité et puisse être rentré dans de bonnes conditions. On bat les têtes de trèfle au fléau; dans certains cantons, on extrait aussi la graine, au moyen d'une meule verticale.

Dans les bons fonds, le trèfle, bien cultivé, peut durer deux années, non compris l'année de semailles; mais il est bien rare que les trèfles de deux ans soient exempts de mauvaises herbes. La folle avoine dans le sud-ouest, le chiendent, l'agrogristide traçante et d'autres plantes nuisibles, dans le nord, les infestent souvent à tel point, qu'il faut recourir à une récolte sarclée, parfois même à une jachère pour en purger le sol. Cette prolongation de durée aboutit en définitive à faire perdre au trèfle les principaux avantages de sa culture, la propreté du terrain et son amélioration. On ne tomberait pas dans cette faute si l'on se rappelait qu'un trèfle de deux ans clair et enherbé, profite moins au sol qu'un trèfle d'un an bien garni et exempt de mauvaises herbes : sauf des circonstances exceptionnelles, telles que la pénurie de fourrages, un accident imprévu, etc., on ne doit conserver le trèfle au delà d'un an qu'autant qu'on veut en faire la base d'un pacage; dans l'immense majorité des cas, il y a plus d'avantage à défricher le trèfle bien réussi à la fin de la première année; non-seulement on ne perd aucun de ses effets améliorants, mais, par cette jouissance rapide, on accélère encore la rotation, on rentre plus tôt dans ses frais de culture et l'on imprime ainsi une marche plus vigoureuse à toute l'exploitation.

Sur un défriché de trèfle bien réussi, renversé par un seul labour, la surface du sol ayant été bien nivelée et bien ameublie à l'aide de sarclages et de roulages répétés, on obtient en général de fort belles récoltes; l'avoine, notamment, y donne des produits considérables.

Le trèfle, si précieux pour les assolements, est une des plantes dont le retour fréquent sur elles-mêmes, doit être évité avec soin. Cette faute l'empêche, pour longtemps, de prospérer même dans les sols qui lui conviennent le mieux, à plus forte raison doit-on ne le faire revenir qu'avec circonspection sur les sols qui lui sont moins appropriés par leur constitution et où il ne vient, en quelque sorte, que par tolérance. La présence du carbonate de chaux dans le sol, l'application de cendres comme engrais, l'enfouissement en vert de la seconde coupe, sont autant de moyens qui permettent de rapprocher le retour du trèfle, mais toujours avec une certaine modération.

Le trèfle, pendant sa végétation, a deux ennemis dangereux à redouter, ce sont la cuscute et l'orobanche. La première l'envahit et le dévore ainsi que la luzerne; on pourrait la combattre par l'écobuage, le brûlis et le fauchage répété, mais comme il dure peu, on a rarement recours à ces moyens. L'orobanche, plante parasite, se développe sur les racines du trèfle; elle ne se montre que sur la seconde coupe. Quand elle l'envahit en nombre, la repousse du trèfle est arrêtée, les tiges restent petites et rabougries, au point souvent de ne pouvoir être fauchées. On ne connaît d'autre préservatif de ce fléau, qu'une épuration soignée de la graine de trèfle et une rotation qui éloigne pendant plusieurs années le retour de la plante fourragère sur le même champ.

Sainfoin.

.Le sainfoin ou esparcet est la ressource providentielle des terrains calcaires. Ce n'est pas qu'il ne puisse venir dans les sols propres à la luzerne, mais nul ne lui convient mieux que le terrain qui contient du carbonate de chaux; il faut même, pour sa complète réussite, que le sous-sol soit calcaire : la richesse et la nature de la couche arable ne dispensent pas de cette condition rigoureuse.

Il prospère d'autant mieux, qu'il peut enfoncer plus avant ses racines dans un sol calcaire.

Tout sol qui retient l'eau est impropre à la culture du sainfoin.

Ainsi que toutes les plantes fourragères à longue durée, le sainfoin se plaît dans un sol auquel on a donné récemment une culture profonde et dont la couche arable se trouve en bon état d'engrais, d'ameublissement et de propreté.

On connaît deux variétés de sainfoin, le sainfoin à une coupe et le sainfoin à deux coupes. Ce dernier, plus vigoureux que le sainfoin ordinaire, ne se fauche deux fois dans la même année, qu'autant que sa végétation est favorisée par une température humide, ou se trouve activée par l'irrigation; en dehors de ces circonstances particulières, il ne fournit la plupart du temps, après la première coupe, qu'une repousse bonne à pâturer : il dégénère promptement par une culture négligée.

Dans le midi, le sainfoin se sème tantôt seul, tantôt dans une céréale, à l'automne ; la première méthode est préférable. Dans le reste de la France, on le sème ordinairement en avril, dans une céréale d'hiver, ou, ce qui vaut mieux, dans de l'orge ou de l'avoine de printemps. Son association avec une autre récolte a l'avantage de ne pas entraîner la perte d'une année de produit ; ce procédé est excusable lorsque le sainfoin doit occuper peu de temps le terrain, mais lorsqu'on veut en faire une sole fourragère à longue durée, il vaut mieux le semer seul, on rend ainsi plus certaine la prolongation de son existence.

Les modes de semaille pour le sainfoin ne diffèrent pas de ceux usités pour la luzerne : bien ameublir la surface du terrain à l'aide de la charrue, dont l'action est complétée par l'emploi alternatif du scarificateur, de la herse et du rouleau, telle doit être la préparation du sol quand on sème le sainfoin seul. En le semant, à l'automne, dans un blé, ou bien dans de l'orge ou de l'avoine au printemps, on peut commencer par enfouir ces différents grains par un coup de scarificateur ; on répand ensuite la semence du sainfoin et on l'enterre par un hersage croisé, suivi d'un tour de rouleau : elle se trouve ainsi bien répartie et dans les meilleures conditions pour germer promptement.

La semence du sainfoin doit être enterrée plus profondément que celle de la luzerne et du trèfle.

On sème ordinairement le sainfoin dans la proportion de 4 hectolitres par hectare quand on a récolté soi-même sa graine; mais pour peu qu'on ne soit pas assuré de la bonté de celle du commerce, trop souvent altérée, il est prudent d'ajouter à cette dose. Dans beaucoup de localités, on jette souvent une certaine quantité de graines de trèfle dans la semaille du sainfoin; on augmente certainement, par là, la quantité du fourrage la première année où l'on fauche le sainfoin; mais si le sainfoin est destiné à une longue durée, cette association doit être proscrite. D'une part, la végétation des deux plantes se prête mal à une même fauchaison opportune; de l'autre, le trèfle, dès la deuxième année, faiblit et tend à s'éclaircir de plus en plus; il appelle ainsi les mauvaises herbes à toutes les places dégarnies et, par suite, devient une cause de ruine pour le sainfoin. Tout au plus le trèfle peut-il être toléré dans le sainfoin lorsque celui-ci ne doit faire que passer dans la rotation; mais tirer seulement une ou deux récoltes du sainfoin qui, bien traité dans un sol approprié, peut fournir une carrière de cinq ou six ans et parfois même plus longue, c'est une véritable dilapidation, c'est méconnaître les services qu'on pourrait attendre de la longévité du sainfoin, c'est se condamner à n'en user que comme d'une ressource accidentelle, au lieu de le garder tant qu'il donne des produits satisfaisants et d'en faire ainsi un point d'appui pour l'amélioration générale du domaine.

Le sainfoin, cultivé comme fourrage, se fauche lorsque le tiers inférieur des fleurs est déjà converti en gousses; sa dessiccation s'effectue de la même manière que celle de la luzerne et du trèfle, mais elle s'obtient plus rapidement que pour ces deux plantes.

Le sainfoin donne une pleine récolte dès la seconde année de la semaille, son rendement baisse souvent après la troisième année dans les terrains qui ne lui sont pas tout à fait appropriés.

Le plâtre répandu sur le sainfoin active puissamment sa végétation; lorsque sa racine a bien pris possession du sol, on peut lui appliquer avec avantage des hersages ou des scarifications.

La graine de sainfoin ne doit être prise que l'année où l'on est décidé à rompre le sainfoin; en laissant la plante grainer plus tôt, on abrégerait sa durée. Le sainfoin porte-graines doit être fauché quand la majeure partie des gousses est mûre, quand elles ont pris généralement une couleur brune. Autant que possible, il faut faire cette opération à la rosée, car la graine, arrivée à son point de maturité, tombe facilement. On sépare la tige à l'aide du fléau ou même simplement avec le dos d'une fourche en bois quand on a eu

soin de l'exposer pendant quelques heures au soleil avant de la battre.

La longévité du sainfoin dépend de la nature plus
ou moins calcaire du sol, de son état de fertilité
et des soins dont il a été l'objet ; il dure d'autant
moins, qu'il est revenu plus souvent sur lui-même ;
il ne faut pas attendre, pour le rompre, que le
sol ait été envahi par les mauvaises herbes : cette
prolongation de durée, quand elle n'est pas ex-
cusée par une nécessité extrême, se solde ordinairement en déficit.

Sur un défriché de sainfoin bien réussi, on est
toujours certain d'obtenir une ou deux belles récoltes de céréales, remarquables par leur netteté
et le poids du grain.

Vesces.

Dans l'ordre de leur importance, la luzerne,
le trèfle, le sainfoin occupent la tête des fourrages
artificiels et peuvent seuls tenir lieu de prairies
naturelles et assurer la marche d'une exploitation. Mais si les autres plantes fourragères, telles
que les vesces, les pois, le trèfle incarnat, la
lupuline, le chou cavalier, etc., ne peuvent leur
disputer cette première place, elles n'en ont pas
moins leur rôle utile au-dessous d'elles ; ce sont
leurs auxiliaires naturels, toujours prêts à seconder
leur action, et même, au besoin, à les suppléer
temporairement quand elles viennent à manquer.

Ce rôle de plante supplétive ou de renfort appartient essentiellement aux vesces, dans les climats où l'on peut les semer en automne et au printemps.

Les vesces réussissent dans les terrains où le trèfle prospère, elles se plaisent donc mieux dans un sol argileux que dans une terre sablonneuse; celle-ci cependant peut encore les recevoir avec avantage, sous un climat humide, lorsque le sol se trouve en bon état d'engrais.

Les vesces peuvent se passer de labours profonds dans un sol lié, un labour moyen leur suffit, à la condition que la couche superficielle du sol se trouvera en bon état d'ameublissement.

Une bonne fumure leur assure une végétation vigoureuse et les rend ainsi maîtresses des mauvaises herbes qu'elles ne tardent pas à étouffer.

Les vesces se sèment à l'automne ou au printemps. Les semailles d'hiver ne réussissent qu'autant qu'elles sont faites de très-bonne heure, à la fin de septembre ou, au plus tard, dans les premiers jours d'octobre sous un climat froid; il faut que la plante se soit bien assise dans le sol avant l'hiver pour résister au froid.

La vesce, semée au printemps, doit être mise en terre également de bonne heure, afin de pouvoir profiter de la fraîcheur du sol; on sème alors un peu plus dru. Les semailles, dans cette saison, ont lieu, suivant les pays, depuis la fin de mars jusque dans le courant de mai. Là où la nourriture à l'étable repose principalement sur les fourrages verts, on échelonne les semailles du printemps, de manière que le fauchage des vesces puisse remplir l'intervalle entre les coupes de trèfle et de luzerne; mais ces semailles répétées, toujours chanceuses, exigent absolument un climat humide et un sol frais.

On répand les vesces à la volée à raison de 2 hectolitres par hectare quand on les sème seules; lorsqu'on leur associe du seigle ou de l'avoine, en guise de tuteurs, on ne met guère que 150 litres de vesces, le quart restant est remplacé par la céréale. La semence peut être recouverte avec la herse ou par un coup de scarificateur; il est bon, en outre, de passer le rouleau sur les semailles faites au printemps.

Le mélange de vesces et d'avoine ou de seigle porte les noms de *dravière*, *dragée*, *barjelade*.

Le plâtre active la végétation de la vesce et augmente ses produits; on le répand, au printemps, avant la reprise de la végétation, à raison de 2 ou 3 hectolitres par hectare.

Les vesces destinées à être consommées en vert se fauchent dès qu'elles sont en fleur ou lorsque les gousses du bas de la tige sont déjà nouées; lorsqu'on veut les convertir en fourrage, on attend ordinairement que les graines soient plus formées.

Le fanage des vesces ne s'opère pas sans difficultés. Lorsqu'elles sont versées ou que l'année est très-humide, elles sont fort exposées à pourrir sur pied ; fauchées, elles gardent longtemps leur eau de végétation ; leur dessiccation a lieu de même que pour le trèfle, la luzerne.

Le rendement des vesces et particulièrement des vesces de printemps est très-casuel. Elles forment un excellent précédent pour le blé, non-seulement à cause des principes fertilisants qu'elles déposent dans le sol, mais encore parce que le laissant libre de bonne heure, elles permettent de choisir les moments les plus opportuns pour donner les labours et, par suite, pour bien préparer le terrain.

Pois.

Les terres de consistance moyenne et contenant du calcaire conviennent mieux que les sols argileux pour la culture des pois. L'espèce qu'on sème le plus ordinairement en grande exploitation est le pois des champs ou la *bisaille* (pisum arvense).

De même que les vesces, les pois préfèrent un climat frais à un climat sec. Ils veulent être semés encore plus tôt, mais ils souffrent moins des froids tardifs du printemps. Leur culture est exactement la même que celle des vesces. On les sème dans la proportion de 2 hectolitres par hectare seuls ou en mélange avec de l'avoine ; ils se fauchent en fleur ou en grain, suivant qu'on veut les faire manger en vert ou les réserver comme fourrage sec.

Lupuline.

Cette plante vient dans les terres calcaires et les terres sablonneuses, là où le trèfle ne réussit pas, mais elle ne donne un rendement satisfaisant, qu'autant que le sol a été bien fumé ou se trouve en bon état d'engrais. On la sème ordinairement dans une céréale au printemps, dans la proportion de 15 kilogrammes par hectare et avec les mêmes préparations que pour le trèfle.

La lupuline ne donne qu'une seule coupe, mais son fourrage est d'excellente qualité; on la cultive aussi pour pâturage; elle contribue puissamment à l'amélioration du sol. Le plâtre développe sa végétation.

Trèfle incarnat.

Le trèfle incarnat, appelé aussi *farouch*, réussit bien dans les terres siliceuses. Cette plante n'est pas exigeante sur la préparation du sol; un coup d'extirpateur après la céréale qui la précède suffit; souvent même on se contente de jeter la semence sur le chaume et de l'enterrer par un hersage ou par un coup d'araire; elle n'en vient pas moins bien.

Le trèfle incarnat lève mieux enveloppé dans sa gousse que lorsqu'on fait usage de graine mondée, aussi le sème-t-on ordinairement dans son enveloppe. Les semailles ont lieu, suivant les climats, depuis le commencement d'août jusque dans le mois de septembre; on répand environ 100 à 150 kilogrammes de semence en balle par hectare.

Le trèfle incarnat reste sans lever tant que le sol est sous l'influence de la sécheresse; c'est pourquoi, dans les pays d'arrosage on a coutume d'irriguer le terrain peu detemps après l'avoir ensemencé en farouch : il lève alors très-vite. Dans le nord, après sa première pousse automnale, il demeure stationnaire et ne se réveille plus qu'au premier printemps. Il en est autrement dans le midi. Il continue de croître à l'arrière-saison, il fournit un bon pâturage tout l'hiver et n'en donne pas moins une forte coupe en mai lorsqu'on a soin d'en retirer les troupeaux vers la mi-février; cet usage est général dans le Roussillon. Le plâtrage augmente son rendement.

La principale qualité du trèfle incarnat est d'être très-précoce et de pouvoir se faucher bien avant le trèfle ordinaire; on le coupe quand il commence à fleurir. Consommé en vert, il est mangé avec profit par tous les animaux : c'est là sa véritable destination; sec, il ne constitue qu'un fort médiocre fourrage, à peine supérieur à de la bonne paille; les bêtes à cornes cependant s'en accommodent l'hiver.

Le trèfle incarnat, conservé comme porte-graines, produit une énorme quantité de semence quand la température favorise sa maturité.

Le trèfle incarnat, bien que laissant le terrain libre de bonne heure, est regardé comme un mauvais précédent pour le blé ; après cette récolte, le sol se tient *creux*, condition fâcheuse pour les céréales d'hiver. Dans les Pyrénées-Orientales, berceau de la culture du trèfle incarnat, on fait succéder immédiatement au farouch une récolte de pomme de terre ou de maïs, mais cette riche succession n'est possible qu'avec le secours de l'irrigation.

Dans quelques départements du sud-ouest de la France, notamment dans la Haute-Garonne, l'Ariége et les Hautes-Pyrénées, on cultive deux variétés de farouch, l'une précoce et l'autre tardive, cette dernière se fauche quinze jours au moins après la première ; en semant ces deux variétés, on se ménage le moyen de nourrir économiquement le bétail au vert avec du trèfle incarnat pendant près de six semaines, avantage précieux à une époque où les greniers sont presque dégarnis et où les animaux sont fatigués de la nourriture sèche.

Ajonc.

La Bretagne est la terre classique de cette culture qui mériterait d'être répandue dans les contrées à sol et à climat analogues à ceux de ce pays.

L'ajonc prospère surtout dans les terrains argilo-siliceux humides où le trèfle et la luzerne ne viennent pas; il croît encore sur les mauvais sols granitiques, mais il y est de courte durée.

L'ajonc n'exige pas une préparation spéciale du sol. On le sème, à raison de 30 litres de graines par hectare, dans un blé ou une avoine, au moment où l'on applique le hersage à ces céréales: on l'enterre très-superficiellement. L'ajonc bien levé garnit vite le terrain après qu'on a récolté la céréale qui l'abritait. Sa végétation serrée dispense de tout sarclage, il faut seulement mettre la pièce en défens, l'année de la semaille, pour la soustraire aux dégâts qu'y occasionnerait le bétail; plus tard, l'ajonc se protége lui-même par les aiguillons dont ses tiges sont armées.

L'ajonc donne déjà une bonne coupe dès l'automne de la seconde année où il a été semé. On pourrait, à la rigueur, le faucher tous les ans quand il s'est une fois bien implanté dans le terrain, mais il est plus avantageux de le mettre en coupe réglée tous les deux ans.

L'ajonc forme une bonne nourriture pour les chevaux et les bêtes à cornes, mais il doit subir une préparation avant d'être donné au bétail, on le partage en tronçons de 5 à 8 centimètres qu'on broie avec un pilon en fer, de manière à émousser les aiguillons mais sans écraser complétement les tiges, les animaux en effet les rebuteraient si elles étaient trop broyées. 30 kilogrammes d'ajonc ainsi préparé maintiennent en bonne santé un bœuf de travail; il suffit de 20 kilogrammes pour la nourriture d'un cheval.

Dans les terres argilo-siliceuses profondes placées sous un climat humide et de moyenne fertilité, la durée de l'ajonc est pour ainsi dire illimitée; elle n'excède guère cinq ou six ans dans les sols granitiques pauvres. Sur un défriché d'ajonc bien garni, on obtient, sans engrais, plusieurs belles récoltes de céréales.

L'ajonc fauché en fleur et mis en tas pour fermenter, peut être utilisé comme engrais après être resté amoncelé pendant cinq ou six mois; ses tiges forment aussi un bon combustible.

(Chou cavalier et chou branchu.

Les choux se plaisent dans les terres fortes, ils exigent un sol riche, meuble et profond.

Ce n'est que par exception qu'on sème cette plante en place; généralement on a recours au semis en pépinière, celle-ci se traite exactement comme pour le rutabaga. Lorsque le plant a acquis assez de force, on procède au repiquage de la manière précédemment indiquée : on espace les plantes à 45 centimètres dans les lignes, un intervalle de 70 à 80 centimètres sépare chaque rangée. Sous un climat humide, le seul qui convienne réellement aux choux, la mise en place peut s'effectuer jusqu'en juin; il faut y procéder plus tôt si le climat est moins favorable. La plantation, à l'aide du plantoir, doit être préférée comme ménageant mieux l'extrémité de la racine.

Les soins à donner aux choux pendant leur végétation consistent en binages répétés aussi souvent que les mauvaises herbes se montrent dans la pièce ou que le sol se durcit; on butte quand les plantes ont atteint la moitié de leur hauteur. On commence la cueillette du chou cavalier et du chou cabu lorsque leurs feuilles inférieures laissent apercevoir une teinte jaunâtre, on parcourt alors la pièce et l'on détache les feuilles les plus développées en les séparant le plus près possible de la tige; on répète ainsi chaque jour la cueillette, de manière à ne revenir aux plantes déjà récoltées qu'après que tout le champ a passé par cette opération : on effeuille de la sorte pendant tout l'hiver; au printemps on coupe les tiges rez terre, aussitôt que les choux entrent en fleur.

Les porte-graines doivent être choisis parmi les sujets les plus vigoureux et réunissant le mieux les caractères de l'espèce; il faut avoir soin de les placer loin de toute autre variété de choux, car ils s'hybrident très-facilement.

Le produit en feuilles d'un hectare de choux cavaliers et branchus bien réussis est considérable, mais on ne peut nier que ces plantes n'exigent une forte dose d'engrais. Ce sont les deux meilleures variétés qu'on puisse cultiver pour l'engraissement des bêtes à cornes.

Maïs-fourrage.

Le maïs, considéré comme plante fourragère, est une ressource précieuse, non-seulement dans les climats secs où cette plante arrive aisément à maturité et où le trèfle réussit peu, mais encore dans les contrées trop froides pour permettre au maïs de grainer complétement; la masse énorme de fourrage qu'il fournit et l'excellente qualité de son fourrage vert, sans nul doute le meilleur de tous, le rendent extrêmement précieux pour le cultivateur qui sait en tirer parti.

Le maïs blanc prend un développement foliacé plus considérable que le maïs jaune; cette variété mérite donc la préférence comme plante fourragère, mais elle est plus épuisante et exige un sol plus fertile.

Dans les climats tempérés, on le sème depuis le mois d'avril jusqu'à la fin de mai. Si le terrain n'est pas suffisamment riche, il est indispensable de fumer, sous peine de n'avoir qu'un pauvre rendement. Bien que le maïs puisse être semé à la volée, il vaut beaucoup mieux le semer en lignes espacées à 40 centimètres les unes des autres, afin de lui donner des façons pendant sa végétation ; ces cultures, ainsi qu'une plus grande aération, contribuent à lui assurer un plus riche développement, les mauvaises herbes sont plus sûrement détruites et le sol se trouve moins

épuisé. On le fauche dès que les panicules sur-
gissent, quand on veut en faire une provision
d'hiver; sa dessiccation est difficile : lorsqu'on
veut le faire manger en vert, on doit commencer
à le couper plus tôt, avant l'apparition de la fleur,
afin d'échelonner la nourriture; tous les animaux
le recherchent avec avidité.

Trèfle blanc.

Le trèfle blanc (*trifolium repens*) réussit sous
le climat et dans tous les sols où prospère le trèfle
des prés; il vient aussi cependant dans des terres
moins consistantes.

Cette plante exige un sol riche; une forte fumure lui est toujours appliquée avec avantage
quand cette condition n'est pas remplie.

Le trèfle blanc se sème ordinairement dans une
céréale de printemps, de la même manière que
pour les autres plantes fourragères auxquelles le
blé, l'avoine ou l'orge servent d'abri. On répand
la semence à raison de 10 kilogrammes par hectare et on l'enfouit très-superficiellement : un
tour de rouleau suffit pour la couvrir.

Dans un bon fonds ou avec une fumure abondante, le trèfle blanc se laisse très-bien faucher
pour être donné en vert à l'étable; il dure ainsi
plusieurs années. Mais si le sol n'est pas riche,
le trèfle blanc ne peut plus être utilisé que comme
pâturage : mieux vaut alors l'associer à d'autres

plantes fourragères qui doivent recevoir cette destination, que de le semer seul.

Le trèfle blanc forme une nourriture de premier choix pour les vaches laitières.

Moha.

Le moha n'est point une plante à dédaigner dans les terrains fortement siliceux, dans les sols de landes, par exemple. Sans doute, dans ces terrains, il ne donne pas les produits considérables qu'on peut en attendre lorsqu'il se trouve dans de bonnes alluvions, de consistance moyenne; mais il y donne encore une coupe relativement abondante, rendement d'autant plus précieux, que ces sortes de terrains, déshérités de la nature, ne laissent guère de choix pour la production des plantes fourragères.

Le moha ne montre tout ce qu'il peut que dans un sol riche; il exige donc une forte fumure pour être d'un bon produit.

Le terrain destiné à cette récolte doit être parfaitement ameubli et exempt de mauvaises herbes. On le sème à la volée, au printemps, dans la proportion de 10 kilogrammes par hectare. On le fauche pour être donné en vert quand ses têtes sont sorties : c'est un bon fourrage qui vient vite et se laisse aisément faner.

Seigle, orge et avoine fourrages.

Dans les climats froids, c'est au seigle et à l'escourgeon (*hordeum hexastichon*) qu'on donne la préférence comme céréales propres à être semées à l'automne, en guise de fourrages verts; dans le midi de la France, l'avoine partage cette destination avec ces deux plantes; on la fane souvent, ainsi que l'orge, pour servir de provision d'hiver. On les sème dans la proportion de 2 à 3 hectolitres par hectare avec ou sans fumure, sur un ou deux labours.

Ces fourrages ont le mérite d'être très-précoces et de pouvoir se faucher avant les prairies artificielles; à ce titre, ils sont précieux pour les brebis portières et leurs agneaux, ainsi que pour les vaches qui ont mis bas : ils développent particulièrement la production laitière. C'est ordinairement par ces fourrages qu'on commence, au sortir de l'hiver, la nourriture fraîche du bétail. Toute circonstance de température à part, leur rendement est d'autant plus considérable, qu'ils sont placés dans un sol mieux fumé : après eux, on prend ordinairement une seconde récolte dans la même année.

Colza et navette fourrages.

Enfin, le colza et la navette peuvent aussi être

utilisés comme fourrages verts ; ils présentent
l'avantage d'entraîner peu de frais pour leur semence et de monter vite au printemps. On les
sème ordinairement à la volée à l'automne et on
les fauche au printemps, aux approches de leur
floraison. La navette, moins épuisante et moins
exigeante sur le sol que le colza, convient mieux
que celui-ci dans les terres de médiocre fertilité.

CHAPITRE VIII.

SYSTÈME DE CULTURE.

1. CHOIX DES RÉCOLTES. — 2. ROTATION DES RÉCOLTES. — 3. ASSOLEMENTS.

On entend par *système de culture* le choix qu'il convient de faire et la proportion qu'il est nécessaire d'établir entre les différentes récoltes pour en tirer le plus grand profit, tout en maintenant la terre en état de fertilité. Sans nul doute, là où l'on peut se procurer aisément du dehors autant d'engrais et de bras que l'exploitation l'exige, un système régulier de culture n'est pas indispensable ; l'art du cultivateur se borne alors à choisir les récoltes les mieux appropriées à sa terre et aux circonstances économiques qui l'entourent. Mais de telles positions sont rares. Dans la plupart des cas, une culture qui ne reconnaîtrait pour guide que le seul caprice de l'agriculteur, ne pourrait prospérer. Il ne suffit pas d'être familiarisé avec le sol qu'on exploite et d'être en mesure d'obtenir les récoltes qui réalisent les plus beaux bénéfices ; il faut encore savoir balancer les produits du sol avec ses forces, de manière à ne pas lui demander plus qu'il ne peut donner et à ne pas s'encombrer de denrées d'un écoulement difficile ; il faut, en un mot, maintenir un juste équilibre entre la fertilité du terrain et les récoltes épuisantes et régler sa culture d'après les exigences du marché. Trois conditions principales concourent à ce but, savoir : un choix judicieux de récoltes appropriées au climat et au sol; une rotation qui place les plantes dans l'ordre où elles donnent le plus fort rendement; un assolement, enfin, en harmonie avec les besoins de l'exploitation : la réunion de ces diverses conditions forme le système de culture et détermine sa valeur.

1. CHOIX DES RÉCOLTES.

Rien n'est moins indifférent, en agriculture, que la connaissance des plantes auxquelles il convient de donner la préférence pour en faire la base de son exploitation. On peut, il est vrai, avec une surabondance d'engrais ou à coup d'écus, se permettre bien des licences; mais, en dehors des exceptions qui ne sauraient faire règle, il n'y a de sûreté pour le cultivateur, qu'autant qu'il suit la marche de la nature, qu'il travaille avec elle et varie ses procédés d'après ses lois. On sait, par exemple, que le climat et le sol ont leurs exigences qu'on ne méconnaît point impunément; l'action mécanique des végétaux sur le sol et leurs propriétés épuisantes ou améliorantes doivent, en outre, être consultées dans le choix des récoltes : s'obstiner à opérer en dépit

de ces considérations forcées, c'est semer autour de
soi des obstacles et courir à une ruine inévitable.

Le climat, abstraction faite de la nature du
sol qui contre-balance ses défauts ou ses qualités,
exerce une grande influence sur les plantes en fa-
vorisant ou en contrariant leur végétation, d'après
la somme de chaleur et le degré d'humidité dont
elles ont besoin. Ainsi l'olivier, la vigne, **le maïs,**
la luzerne, l'orge, la garance, réclament plus de
chaleur que le froment, le seigle, l'avoine, le
trèfle, les vesces, les choux, etc. Sous **un ciel hu-**
mide, les prairies naturelles, le froment, l'avoine,
les récoltes-racines prospèrent; dans un climat
sec, le maïs, l'orge, la vigne, le mûrier **réussis-**
sent particulièrement.

Chaque plante a, pour ainsi dire, un sol de
prédilection, où elle arrive, sans grands frais, à
son plus haut point de perfection. Vient-on à la
cultiver dans une terre qui ne lui convienne **pas,** il
lui faut le secours d'une température **privilégiée**
ou d'une fumure extraordinaire pour l'amener à
un développement souvent incomplet; elle **est**
alors d'autant plus exigeante sous le rapport de
l'engrais, qu'elle se trouve moins à sa vraie **place**
et son produit, acheté par un sacrifice, en **demeure**
d'autant plus affecté.

S'il est impossible de déterminer, d'une manière rigoureuse, quelles plantes conviennent à
chaque variété de sols résultant des divers **mélanges**
de terres et si le cultivateur est obligé, à cet égard,

de s'en remettre à l'expérience pratique, on n'éprouve plus le même embarras quand il s'agit de sols dont les caractères sont bien tranchés; on peut établir avec assez de précision quelles sont les plantes qui y prospèrent, celles qui y réussissent plus ou moins, ainsi que celles qui ne peuvent y végéter.

L'argile tenace ne convient presque qu'à l'herbe; le pâturage est le meilleur moyen de tirer parti de cette terre froide, presque toujours mouilleuse, d'une préparation coûteuse et difficile, où les autres récoltes sont très-chanceuses.

Le sol argileux, ameubli par la culture et les engrais, convient au froment, à l'avoine, aux fèves, aux vesces, au trèfle et aux choux; s'il a reçu des amendements calcaires, il devient capable, avec de bonnes fumures, de porter de plus riches récoltes : le maïs, le chanvre, le colza y prospèrent.

Dans le sol argilo-siliceux, connu sous le nom de *terre blanche*, sol contenant, à l'état de combinaison, une forte proportion de sable fin qui lui communique une partie des défauts d'une argile tenace, réfractaire aux agents atmosphériques, l'avoine et le trèfle incarnat réussissent; le blé, le colza, les vesces et le trèfle y viennent encore assez bien, quand le sol a été convenablement préparé et se trouve en bon état d'engrais.

Les terres d'alluvion, plutôt fortes que légères, de nature argilo-calcaire et profondes, sont des sols de prédilection pour le plus grand nombre des récoltes; sous le climat du midi, ces terres n'ont d'autre inconvénient que d'être dispendieuses à travailler : la garance, la luzerne, le froment, l'orge, le maïs, les fèves, le colza y donnent de magnifiques produits. Sous un climat humide, les terres légères d'alluvion sont particulièrement propres aux récoltes fourragères et aux récoltes-racines; mais, comme elles sont souvent envahies par les mauvaises herbes, les menues cultures y sont coûteuses. Les grains d'été y réussissent mieux que les grains d'hiver, souvent exposés à s'y voir déchaussés; le chanvre s'y trouve dans son véritable terrain, lorsque le sol est défoncé et fortement fumé.

Les sols tourbeux et les marais ou les étangs desséchés donnent de magnifiques récoltes d'avoine, mais jamais ils ne sont mieux utilisés que par l'herbe : une fois que la prairie s'y est implantée, elle est établie à tout jamais et son produit y est considérable.

La vigne, l'amandier, l'olivier, le pin d'Alep, sous un climat sec; le sainfoin, les pois, l'orge, la navette, le pin sylvestre, sous un climat humide, sont les plantes qui conviennent le mieux au sol calcaire.

Pour le sable, le choix des plantes est très-restreint.

Dans un climat chaud, le sable pur est presque toujours une terre maudite, frappée d'aridité, à

moins que la végétation forestière du pin maritime ne s'en empare. Mélangé d'un peu d'argile
ou de calcaire, il admet le topinambour, le seigle,
le sarrasin et surtout l'herbe, si celle-ci peut être
arrosée; un sable de meilleure qualité, c'est-à-dire
mêlé à une plus forte proportion d'argile ou de
calcaire, convient à la vigne, au mûrier et peut
encore, avec des engrais, porter des navets, des
pommes de terre, de l'avoine et de l'orge. S'il
s'agit d'un climat humide et d'un sable profond
arrivé à un haut degré de fertilité, le cercle des
plantes qu'on peut lui confier s'étend : la luzerne,
les vesces, les pois, le lin, le chanvre, les pommes
de terre, les féveroles, le millet y seront cultivés
avec avantage, mais sous la condition expresse que
le sol recevra de fréquentes fumures.

Il existe donc une corrélation intime entre la
nature du sol et les plantes qu'il est appelé à porter; le choix de ces dernières est d'autant plus
étendu, que le terrain se trouve en meilleur état
de fertilité et de culture.

Certaines plantes, par leur mode spécial de végéter, exercent une véritable action mécanique sur
le sol; toutefois, celui-ci leur doit moins, sous ce
rapport, qu'aux façons dont elles sont l'objet pendant leur croissance. Les unes, comme la luzerne,
le sainfoin, la carotte, munies de longues racines
vigoureuses, s'enfoncent profondément dans le sol
et vont y puiser des principes nutritifs qui, sans
elles, eussent été perdus pour le cultivateur. Les

14

autres, telles que la pomme de terre, le topinambour, etc., développent leurs produits dans la couche arable, la soulèvent, l'ameublissent et servent ainsi de conducteurs aux agents atmosphériques qui complètent leur œuvre.

D'autres plantes jouissent de propriétés analogues pour ameublir et purger le sol des mauvaises herbes.

Le colza, la navette d'hiver, le pavot contribuent à la division du sol et forment ainsi de bons précédents pour les grains d'hiver.

L'herbe des prairies opère en sens contraire sur le sol sablonneux ; l'épais chevelu de ses racines le raffermit et lui donne de la consistance, en enveloppant ses particules terreuses dans une sorte de réseau, elle lui conserve ainsi de la fraîcheur.

Nulle plante ne convient mieux que le trèfle et les fèves pour diviser un sol compacte et le préparer à recevoir du froment.

Le sarrasin, les pois et les vesces, grâce à leur végétation serrée, étouffent les mauvaises herbes sous leur ombre épaisse quand on les fauche avant leur maturité complète. Les récoltes sarclées, par les cultures répétées qu'elles exigent, amènent le même résultat. D'un autre côté, la plupart des céréales favorisent la multiplication des herbes adventices en limitant leur destruction à un temps fort restreint qui, d'ailleurs, n'est pas celui où elles sont toutes hors de terre ; loin d'ameublir le terrain, elles le serrent et le dessèchent.

La faculté que possèdent certaines plantes d'améliorer le sol ou de l'épuiser, mérite encore une sérieuse attention.

Il n'existe aucune plante cultivée qui ne vive, plus ou moins, aux dépens de la fertilité du sol ; mais quelques-unes lui restituent par leurs débris autant ou plus qu'elles ne lui ont emprunté ; d'autres ne lui abandonnent ni feuilles, ni tiges, ni racines ; de là, une distinction à établir entre les plantes qui enrichissent et améliorent le sol et celles qui l'épuisent et l'appauvrissent ; entre ces extrêmes, se placent les végétaux qui le ménagent.

La première série, celle des végétaux qui enrichissent le sol, comprend les plantes dont la masse entière ou simplement les principaux détritus retournent au sol, c'est-à-dire les plantes qui tirent leur nourriture de l'atmosphère et rendent à la terre une masse d'engrais d'autant plus considérable, qu'elles y ont puisé moins de principes fertilisants et que leur végétation a été plus vigoureuse. De ce nombre sont les prairies naturelles, la luzerne et le sainfoin lorsqu'ils ont occupé longtemps le sol, qu'ils ont toujours été bien garnis et qu'on les a défrichés avant leur épuisement et l'envahissement des mauvaises herbes ; à leur suite viennent le trèfle bien réussi, les lupins, le sarrasin, les vesces, les fèves et la navette enfouis en vert.

Parmi les plantes qui améliorent le sol, on range celles qui, sans augmenter sa richesse, lui rendent, par leurs détritus, l'équivalent de ce qu'ils lui ont pris, ainsi que les végétaux qui bonifient le terrain par leurs cultures et l'action directe qu'ils exercent sur lui. Le tabac, le colza, la garance, les fèves récoltées en graines et la plupart des récoltes sarclées, autres cependant que les racines, appartiennent à ce groupe.

Sous le nom de plantes qui ménagent le sol, on comprend celles qui, sans l'enrichir ou l'améliorer, le laissent, après leur passage, dans l'état où elles l'ont trouvé au début de leur végétation. Toutes les récoltes fauchées en vert, comme les vesces, les pois, l'escourgeon, le seigle, l'avoine, etc., sont rangées dans cette catégorie.

La série des végétaux qui appauvrissent le sol embrasse la plupart des plantes cultivées. Dans un sens rigoureux, toutes devraient s'y ranger, car il n'en est aucune qui ne s'approprie quelques-uns des principes fertilisants contenus dans la terre. Mais ces emprunts sont contre-balancés, chez les unes, par les nombreux débris de tout genre qu'elles abandonnent en échange ; chez les autres, par l'action qu'elles exercent sur le sol et sur les récoltes suivantes, ainsi que par les cultures qu'elles exigent. La nature du sol et du climat, la richesse plus ou moins grande du terrain, sont encore autant de causes qui viennent compenser, diminuer, et souvent même neutraliser le plus ou moins d'appauvrissement que les plantes font subir au terrain. Telle plante, en effet, qui, par la culture soignée dont elle est l'objet, devrait être rangée parmi les récoltes améliorantes, devient appauvrissante par suite de la quantité d'engrais qu'elle absorbe, et *vice versa*.

Dans un bon sol on peut agir vigoureusement et même se montrer exigeant; dans un mauvais sol on est forcé d'être modeste, le point essentiel est de ménager ses forces. Ici, on ne saurait établir de règles absolues; chaque cultivateur doit trouver dans sa position et son expérience individuelles la meilleure direction à suivre; on peut seulement s'étayer sur les faits généraux suivants. Sous le rapport des principes fertilisants qu'ils enlèvent au sol, la pomme de terre, les choux, les betteraves, le froment, l'orge, le maïs, le seigle, l'avoine, le colza, les haricots, les lentilles, occupent le premier rang comme plantes appauvrissantes. Mais cet ordre doit être interverti, si la nature du terrain est telle, qu'il importe plus de l'ameublir que d'épargner l'engrais. Les céréales occuperont alors la première place; puis, après elles, viendront les pois, les vesces, les lentilles, les haricots, le colza, les choux, le maïs, les navets, les betteraves et les pommes de terre, bien que ces dernières exigent plus d'engrais que les céréales pour leur complète réussite; mais la propriété qu'elles ont, comme récoltes sarclées, d'ameublir le sol, de le tenir net de mauvaises herbes et de supporter des fumiers frais sans qu'on ait à craindre de voir salir la terre, en fait

de véritables récoltes améliorantes comparative-
ment aux céréales ; elles ont surtout pour effet
d'aider à restreindre l'emploi de la jachère et,
parfois, à la supprimer entièrement.

Les plantes épuisantes, enfin, sont toutes celles
qui, non-seulement absorbent une forte proportion d'engrais pendant leur développement, mais
ne comportent pendant leur végétation aucune
culture améliorante et ne laissent après elles aucun détritus dans le sol. Cette série renferme les
végétaux dont la culture n'est en quelque sorte
permise que dans les terrains riches, ou lorsqu'on
a une surabondance d'engrais : tels sont, entre autres, toutes les plantes semées en pépinière ; le
chanvre, le pavot et le colza semés à la volée, le
lin, la cardère, les navets semés à la volée, en
récolte dérobée : la plupart de ces récoltes ne
conviennent évidemment qu'à une culture parvenue à son apogée.

2. ROTATION DES RÉCOLTES.

La rotation n'est autre que l'ordre dans lequel
les plantes doivent se succéder pour donner le
plus grand produit, aux moindres frais possibles.

Si toutes les plantes cultivées comportaient le
même traitement et agissaient de la même manière
sur le sol, la succession des récoltes serait à peu
près chose arbitraire ; mais l'expérience nous ap-
prend qu'il n'en est pas ainsi. Il est des plantes

qui exigent un sol plus ou moins fertile : les unes se contentent d'engrais encore bruts, les autres veulent les trouver décomposés. Certains végétaux ne souffrent pas d'une semaille tardive, d'autres demandent à être semés de bonne heure ; ceux-ci arrivent vite à maturité et laissent promptement le sol libre ; ceux-là occupent longtemps le sol et laissent à peine le temps de le préparer pour d'autres récoltes ; un grand nombre d'entre eux salissent plus ou moins le sol et rendent les menues cultures indispensables pendant leur première croissance ; plusieurs, au contraire, ont la propriété d'étouffer les herbes adventices sous leur épaisse végétation ; il en est, enfin, qui peuvent être ramenés à des intervalles rapprochés sur le même sol, tandis que d'autres se refusent à un retour fréquent : ces données sont autant de jalons qu'il ne faut pas perdre de vue dans la succession des récoltes, sous peine de mécomptes fâcheux. Trois considérations principales doivent éclairer la rotation, savoir :

1° Les façons qu'exige chaque plante relativement aux récoltes appelées à lui succéder ;

2° Le degré d'ameublissement où elle laisse le sol après elle ;

3° Les éléments de nutrition qu'elle réclame et ceux qu'elle laisse pour les récoltes suivantes.

C'est un avantage inappréciable pour le cultivateur de pouvoir coordonner ses travaux, de manière que les façons appliquées à une récolte ser-

vent encore de préparation pour celles qui lui
succéderont. Si toutes les plantes étaient semées à
la même époque et mûrissaient en même temps,
les travaux seraient tellement accumulés sur la
même saison, qu'on ne pourrait y suffire sans des
frais ruineux d'attelages et de main-d'œuvre; il ne
faudrait qu'une température contraire pour empêcher de les exécuter; on courrait, en outre, le risque
de voir toutes les récoltes détruites par l'intem-
périe d'une seule saison. Réduite à cette extrémité,
l'agriculture serait impossible. Heureusement, la
durée végétative des plantes offre une grande variété. Les unes, comme le blé, l'épeautre, le seigle,
l'escourgeon, le colza, etc., poussent lentement;
dans la première période de leur croissance, elles
supportent les rigueurs de l'hiver; on peut les semer
en automne; elles mûrissent dans le cours de l'été
suivant. Les autres, telles que certaines espèces
d'orge et d'avoine, le maïs, le sarrasin, les récoltes-
racines ne résistent pas au froid; aussi les sème-
t-on au printemps. Elles parcourent toutes les
phases de leur existence dans l'espace de quatre à
six mois; certains fourrages, les vesces, les pois,
tantôt se sèment avant l'hiver, tantôt au printemps; d'autres, comme la lupuline, le trèfle incarnat, n'occupent le sol que pendant un an; le
trèfle des prés l'abandonne ordinairement à la fin
de la seconde année de semaille; la luzerne, le
sainfoin s'en emparent pour un temps beaucoup
plus long; ces différences, dans la longévité des

plantes, dans l'époque de leurs semailles et de leur maturité, sont autant de ressources qui permettent d'échelonner les divers travaux et de les répartir sur plusieurs saisons, au profit de la culture du sol, de la marche générale de l'exploitation et de la bourse du cultivateur. Les vesces, les pois fauchés en vert, débarrassent la terre assez tôt pour qu'on puisse donner aisément au sol toutes les cultures dont il a besoin avant d'être ensemencé à l'automne en céréales d'hiver; le colza, l'œillette, la navette sont dans le même cas; ces plantes se laissent donc intercaler avec avantage entre deux grains d'hiver. Après les récoltes-racines dont l'arrachage s'effectue à l'arrière-saison, on a rarement le temps, sous un climat humide, de préparer le sol de manière à recevoir une semaille opportune de blé, de seigle ou d'orge; en revanche, ces récoltes constituent d'excellents précédents pour toutes les céréales de printemps.

Après un trèfle bien réussi, le terrain est parfaitement net de mauvaises herbes; on y sème souvent avec succès une céréale sur un seul labour. La récolte tardive du chanvre serait un obstacle à l'ensemencement du sol avant l'hiver, si l'admirable propreté des chènevières et leur haut point de fertilité et d'ameublissement ne permettaient de se contenter d'un seul coup de charrue pour le blé qui leur succède ordinairement. Toutes les plantes ne possèdent pas, comme le chanvre, la propriété de purger le sol des mauvaises herbes. Les céréales,

par exemple, favorisent tellement leur multiplication, qu'il suffit de les semer deux fois de suite
dans leur chaume pour être obligé ensuite de recourir à des récoltes qui exigent des cultures répétées pendant leur croissance, ou dont la végétation forcée étouffe toutes les herbes adventices. Le
colza, les fèves, le maïs, les choux, les betteraves,
les pommes de terre sont, parmi les récoltes sarclées, celles qu'on cultive le plus ordinairement
dans le but de nettoyer le sol ; ce résultat est également atteint avec les récoltes fauchées en vert, telles
que les vesces, les pois, le seigle, l'escourgeon,
le sarrasin ; elles ont, sur les récoltes sarclées,
l'avantage d'être moins épuisantes et de laisser la
terre libre beaucoup plus tôt. Le trèfle ne nettoie
bien le sol qu'autant qu'il a bien réussi ; il forme
alors un bon précédent pour les céréales. Sur un
défriché de luzerne et de sainfoin, la propreté du
sol ne laisse rien à désirer, on peut prendre avec
avantage plusieurs récoltes consécutives de grains
sans fumure et avec un petit nombre de labours ;
il y a ainsi une économie considérable d'engrais,
de main-d'œuvre et de temps dont profite tout
l'ensemble de l'exploitation.

Si le cultivateur était assez riche en engrais
pour fumer, chaque année, toutes les récoltes,
il n'aurait pas à se préoccuper des principes nutritifs que chaque plante laissera après elle aux végétaux qui doivent lui succéder ; la table serait
toujours dressée et chacun des convives serait as-

suré d'y trouver place. Mais, dans les circonstances ordinaires de la culture, on ne dispose pas de ressources aussi larges ; l'engrais, presque toujours insuffisant, ne peut être dispensé qu'avec économie ; on est souvent obligé de négliger telle pièce déjà améliorée pour porter ses soins sur telle autre plus faible ; tous les sols, d'ailleurs, ne réclament pas la même dose d'engrais ; certaines plantes le préfèrent sous un état de décomposition plus ou moins avancée ; les unes, en outre, en absorbent une forte proportion, tandis que les autres en consomment fort peu : il faut tenir compte de ces diversités dans la rotation des récoltes.

Par rapport à la nature du sol, on sait que les terres fortes demandent plutôt des fumures énergiques que des fumures fréquentes ; on règle leur compte en une fois ; les sols légers, au contraire, se trouvent mieux de fumures répétées quoique moins copieuses : c'est peu à peu qu'on leur distribue leur ration d'engrais.

Relativement à l'alimentation des végétaux, il est hors de doute que les plantes possèdent la faculté d'absorber, dans des proportions différentes, les éléments solubles renfermés dans le sol ; par suite d'une sorte d'élection qu'elles exercent entre les matières nutritives, certains principes de fertilité se trouvent plus épuisés que d'autres : à ce point de vue, la rotation serait déjà indispensable pour savoir quelles sont les parties de l'engrais qui font défaut dans le sol ; l'utilité de l'alternat des récoltes n'est pas moins nécessaire pour tirer tout le parti possible de la fertilité du terrain : celle-ci peut être trop grande pour certaines plantes qui seraient ainsi exposées à verser ou à donner plus de paille ou de feuilles que de grains. Les plantes engagées dans la rotation, se prêtent ici un mutuel secours. Les unes prélèvent, à leur profit, l'excès de nourriture; les autres se trouvent, dès lors, réduites à la part qui leur convient le mieux; le colza, le pavot, le chanvre, le tabac, etc., confirment cette vérité; c'est en partie pour cette raison, en partie par suite de la propreté du sol et des cultures qu'on a pu donner après leur enlèvement, que ces plantes constituent d'excellents précédents pour les céréales.

Beaucoup de plantes comme le colza, le pavot, les vesces, les pois-fourrages, les récoltes-racines, s'arrangent volontiers d'un fumier frais et forment ainsi d'excellentes têtes de rotation; d'autres, telles que le lin, le froment et surtout l'orge, prospèrent mieux lorsqu'elles trouvent dans le sol le fumier déjà désagrégé; ces plantes viennent donc très-bien à la suite des récoltes qui leur préparent en quelque sorte l'engrais; certaines plantes enfin, plus rustiques, se contentent des détritus grossiers que rejetteraient des végétaux plus délicats; l'avoine, en particulier, jouit de cette propriété, on en tire souvent parti pour clore la rotation avec elle.

Ainsi, répartition des travaux, d'après la convenance des plantes, de manière à tirer le meilleur parti possible des forces dont on dispose; ameublissement et propreté du sol pour que les plantes se développent complétement; distribution des engrais en raison de la nature du sol et des exigences de chaque plante, telles sont les trois grandes lois générales qui commandent toute rotation. Avec elles, la sympathie et l'antipathie prétendues de certaines plantes pour certains végétaux, et par suite la possibilité de leur retour fréquent sur le même champ ou l'impossibilité de les y ramener tant que celui-ci se souvient de les avoir portés, n'est qu'une pure hypothèse née d'observations locales et incomplètes. A part quelques faits exceptionnels encore mal étudiés, peut être, dans toutes les circonstances qui les ont produits, la succession plus ou moins immédiate des plantes, leur retour plus ou moins éloigné sur le même sol s'expliquent naturellement par le degré de fertilité ou d'épuisement du sol, par sa préparation plus ou moins complète, par sa netteté ou sa malpropreté qui permet ou ne permet pas à des plantes rivales de s'emparer du terrain au préjudice de la récolte, par les accidents d'une température contraire qui paralyse et cultures et fumiers, probablement enfin, par certains éléments spéciaux de nutrition dont le sol se trouve plus ou moins appauvri.

3. ASSOLEMENTS.

Obtenir des récoltes qui servent, à leur tour, à en créer de nouvelles, en d'autres termes, restituer à la terre en proportion de ce qu'on en exige, de manière à maintenir un juste équilibre entre toutes les parties de l'ensemble, tel est le but des assolements.

Bien que le choix d'un assolement dépende d'un grand nombre de considérations, dont les unes, inhérentes aux localités, les autres, spéciales au cultivateur, ne permettent pas de poser des règles absolues pour tous les cas, il est cependant des circonstances qui influent d'une manière générale sur la préférence à donner à tel ou tel assolement. Tels sont, notamment, l'étendue de l'exploitation, le morcellement des terres, la nature du sol et sa qualité, l'état des terres, lors de l'entrée en jouissance, la présence ou l'absence de prairies naturelles, la nourriture du bétail à l'étable ou au pâturage, le prix du travail, les débouchés, la fortune du cultivateur : ces considérations importantes sont autant de raisons qui peuvent modifier un système de culture; il est donc essentiel de s'en pénétrer avant de prendre un parti définitif.

L'étendue de l'exploitation sépare en deux camps bien distincts la grande et la petite culture. Celle-ci, libre qu'elle est de son temps et de ses bras, ayant peu de déboursés à faire, peut, à la rigueur, cultiver toutes les plantes qui conviennent à son terrain, pourvu qu'elle lui donne l'engrais nécessaire et qu'elle le tienne pur de mauvaises herbes. Exécutant tout par elle-même, elle ne tient pas compte de l'augmentation de travail. Les plantes qui demandent le plus de façons sont celles qu'elle recherche de préférence, parce qu'elles lui donnent le plus de profit. Elle versera donc dans le commerce plus de denrées de luxe que d'objets de première nécessité, telles que du pain ou de la viande qu'on obtient sans grands frais de main-d'œuvre; le produit brut, pour elle, devient le but principal et un assolement libre est celui qui va le mieux à son allure indépendante du temps et de la main-d'œuvre.

La grande culture n'est pas aussi favorisée. Obligée à une économie sévère du temps et du travail, en raison même de l'étendue de l'exploitation, le produit brut n'est plus pour elle qu'une question secondaire, parfois même il est en sens inverse du bénéfice net, lorsque l'accroissement des produits résulte d'un surcroît de travail manuel : elle suivra donc une marche différente de celle de la petite culture. Chaque coup de pioche entraînant un salaire, les attelages et les instruments passeront avant la main-d'œuvre qui n'interviendra plus que pour parfaire ce que ceux-ci n'auront pas exécuté. La culture des grains, les fourrages et, parmi eux, les fourrages à longue durée, l'emporteront sur toute autre récolte plus riche peut-être, commercialement parlant, mais aussi plus coûteuse. Le produit brut aura moins de valeur à ses yeux que le produit net; elle sera souvent obligée de se renfermer dans un assolement d'autant plus fixe, que le domaine sera plus considérable, un assolement régulier pouvant seul se concilier avec les embarras d'un vaste faire valoir.

Entre ces deux extrêmes de la grande et de la petite culture, la moyenne culture tient le milieu; aussi participe-t-elle des inconvénients et des avantages de l'une et de l'autre; pourtant, la somme de ces derniers l'emporte. La propriété qu'elle a de s'harmoniser avec les besoins de la consommation générale, sans exclure la production de luxe, lui laisse, d'une part, plus de latitude dans le choix de ses récoltes et, de l'autre, lui fournit les moyens de soutenir les forces du sol avec ses propres ressources, ce que ne peut faire la petite culture. Elle peut, en outre, appeler à son aide le travail des attelages et celui de la main-d'œuvre et, grâce à ce renfort, dont la dépense se trouve plus que compensée par de riches produits, elle tire réellement du sol tout ce qu'on peut en attendre : sa marche progressive n'est arrêtée que par le terme même de la perfection : des assolements tour à tour réguliers, tour à tour libres, lui seront donc permis; elle se guidera, avant tout, d'après sa propre convenance.

Le morcellement des terres est un des plus graves obstacles qu'on puisse rencontrer quand on veut s'écarter de la voie battue. Il est impossible, en effet, de s'éloigner de l'assolement général du pays lorsque l'exploitation se fractionne en pièces divisées et entremêlées avec celles de la commune. Ce n'est pas tout, il faut encore subir des servitudes onéreuses, par exemple, donner entrée au voisin si le champ n'aboutit pas à un chemin par une de ses extrémités et, par suite, subir le passage de ses voitures ou de ses charrues; des sacrifices d'argent n'affranchissent pas toujours de ces obligations; force est donc, en pareil cas, de marcher comme les voisins, quelque vicieux que soit leur système de culture.

Il serait imprudent de soumettre à un même assolement des terres de natures très-différentes. Si l'on fait à peu près ce qu'on veut avec des engrais dans un sol léger, dans un sol tenace, on ne fait que ce qu'on peut, même avec du fumier. Dans le premier, les récoltes sarclées viennent aisément à bout des mauvaises herbes; dans le second, on ne pourra s'en rendre maître qu'au moyen de labours répétés, souvent même au prix d'une jachère complète. L'un se laisse travailler à peu près par tous les temps; l'autre, tantôt trop humide, tantôt trop sec, veut être cultivé dans un moment donné: problème souvent difficile à résoudre dans la pratique. Un mauvais sol, en outre, ne se traite pas comme une bonne terre. Celle-ci n'a pas besoin d'autant d'engrais et donne de beaux rendements; la seule précaution à prendre, est de ne pas l'épuiser, tout en exigeant beaucoup d'elle. Dans un mauvais sol, ce n'est qu'à force de sacrifices qu'on obtient de belles récoltes, rarement y a-t-il profit à élever de grandes prétentions à son égard; ce qu'il importe le plus, c'est de le ménager, de tâcher de l'améliorer et de savoir se contenter de ce qu'il peut donner : un assolement spécial pour chacun de ces terrains de nature et de qualité différentes sera rigoureusement nécessaire dans la plupart des cas.

L'état des terres au moment de l'entrée en jouissance est ordinairement un temps difficile pour le cultivateur. Il n'arrive que trop souvent que le fermier sortant ait épuisé le sol en accumulant, sur la fin de son bail, les récoltes de grains les unes sur les autres; et comme, en même temps, il supprime les fumures, il ne laisse plus à son successeur que des terres ruinées et infestées de mauvaises herbes. Un tel état de choses ajourne nécessairement tout assolement définitif. La première opération à entreprendre est d'assainir le terrain s'il a été envahi par des eaux stagnantes; la destruction des mauvaises herbes au moyen de la jachère, la production de fourrages et de paille, comme sources d'engrais, devront ensuite être poursuivies activement : dans cette situation, tout assolement fixe serait prématuré; la prudence fait une loi de n'y songer, que lorsque ces améliorations préliminaires auront été obtenues : on reculerait infailliblement en cherchant à aller trop vite.

Pour le cultivateur qui prend possession d'un domaine, il n'est pas indifférent de trouver la nourriture de son bétail assurée; de bons prés naturels sont alors de précieux auxiliaires. La pénurie de fourrage n'étant pas à craindre, on peut porter plus tôt ses forces sur d'autres produits lucratifs; on peut surtout poser immédiatement les bases d'une agriculture vigoureuse, s'appuyant sur les fourrages artificiels et entrer ainsi, de plein pied, dans la culture par assolement.

Que le bétail soit nourri exclusivement à l'étable, qu'il n'y reçoive qu'une partie de sa nourriture, ou qu'il soit entièrement nourri au pâturage, ce sont là autant de raisons qui motivent des systèmes différents de culture. Sans doute, l'alternat des récoltes s'allie bien avec la nourriture à l'étable et de ce concours mutuel naît leur prospérité; mais le système de nourriture exclusive à l'étable n'est pas toujours le plus profitable. Il ne convient pas, par exemple, dans les sols où la luzerne ne réussit pas; il est sans importance là où l'on possède une grande étendue de prés non susceptibles d'être mis en culture ; il serait contraire aux intérêts du cultivateur, si celui-ci, placé près d'une grande ville, en tirait la plupart de ses engrais et trouvait un bon prix de sa paille et de son grain : l'assolement triennal amélioré lui serait alors plus avantageux ; il produit plus de paille, l'autre produit plus de fourrage et l'on sait que l'unique avantage de la nourriture à l'étable consiste dans l'augmentation de fumier. Ces considérations méritent d'être sérieusement pesées dans le choix d'un assolement.

Le prix du travail est encore un élément à consulter. On n'a pas toujours à sa disposition autant de bras que l'exploitation en exigerait ; le prix des journées peut être tellement élevé, qu'on soit obligé de renoncer à des cultures avantageuses. L'élévation des salaires, dans cette question, n'est pas le seul point à envisager, la qualité du travail et la quantité qu'on en obtient dans un temps donné, sont encore à examiner : probité, activité, habileté, sont autant de mérites qui doublent la valeur des ouvriers.

Des marchés importants, un débouché constant des produits de l'exploitation à proximité, une bonne viabilité, des prix rémunérateurs satisfaisants, placent le cultivateur dans une excellente position ; malgré tous ces avantages cependant, il n'en ferait pas moins de fausses spéculations s'il se lançait dans des productions sans débit. Si donc il est loin de toute manufacture ou d'un pays de fabrique, il devra renoncer à la culture des plantes commerciales, sous peine de laisser la meilleure part de ses bénéfices entre les mains des commissionnaires. Vit-il loin des marchés, n'a-t-il pour s'y rendre que de mauvais chemins, le climat sous lequel il exploite est-il défavorable, etc., il devra approprier son système de culture à sa position : rien ne lui serait plus funeste, que de vouloir copier servilement des assolements résultant de circonstances plus heureuses.

L'assolement, enfin, doit se modifier suivant la capacité du cultivateur et ses ressources pécuniaires. Un grand domaine ne se laisse pas gérer comme un domaine restreint. Le premier exige une tête qui puisse faire face aux difficultés d'une grande administration ; le second convient mieux à un esprit accoutumé à descendre dans des détails que ne comporte pas une exploitation étendue. Les conditions intellectuelles varient encore en raison du mode de culture ; plus l'assolement sera compliqué, plus il nécessitera d'instruction et de capacité de la part du cultivateur. Tel, en effet, qui se tire habilement d'affaire avec l'assolement triennal, ne se soutiendrait pas avec l'assolement alterne. Les facultés intellectuelles elles-mêmes, toutes précieuses qu'elles soient, ne suffisent pas ; elles resteraient stériles si elles ne s'appuyaient sur des ressources pécuniaires en rapport avec la nature de l'entreprise. On sait que l'assolement alterne exige plus d'avances que l'assolement triennal. Quel profit l'homme le plus éclairé retirerait-il d'une culture basée sur les plantes commerciales, qui entraînent tant de frais de main-d'œuvre, s'il ne pouvait les supporter sans enrayer la marche de son exploitation ? Quel avantage trouverait-il dans une forte proportion de récoltes fourragères, si, à l'impossibilité de les vendre en nature, se joignait encore celle de se procurer le bétail nécessaire pour les consommer? Quels bénéfices espérer, si la récolte à peine achevée, on était dans l'obligation de se défaire immédiatement de ses produits, faute de pouvoir attendre le moment le plus favorable pour vendre? Comme première condition de succès, il faut nécessairement que le cultivateur commande à sa position et non que celle-ci le domine, sous peine, pour lui, de s'épuiser en vains efforts. Entreprendre au-dessus de ses forces, c'est faire acte de témérité, c'est s'exposer à n'exécuter que d'une manière incomplète tout ce qui demanderait à être abordé résolûment pour donner de bons résultats; c'est, en définitive, préparer sa ruine.

De ce qui précède, il résulte que le choix de l'assolement doit être mûrement médité. Ce n'est pas sans raison qu'on l'a considéré comme la pierre fondamentale de l'agriculture. Avec un bon assolement, la nourriture du bétail et la production du fumier sont assurées; les forces dont on dispose sont parfaitement utilisées et l'amélioration du sol marche de front avec les produits lucratifs qu'on en retire. Toutefois, quelque grands que soient les avantages d'un assolement judicieux, il ne faut pas en brusquer l'introduction; celui-là seul agit à coup sûr, qui ne se presse pas d'abandonner l'assolement du pays où il cultive, mais prépare ses matériaux dans le silence de l'observation. Sans parler de la nécessité absolue de posséder, à fond, tous les secrets de la culture environnante et d'avoir su se concilier la confiance des voisins par des débuts marqués au coin de la prudence et couronnés par le succès, bien des causes peuvent retarder le passage d'un système vicieux à un meilleur assolement; le temps qu'on a ainsi passé à observer autour de soi et à réfléchir, n'est pas un temps perdu, c'est un des éléments de la réussite; quand l'heure d'innover est venue, on n'a plus à craindre l'incertitude et les mécomptes des tâtonnements, on a pour guide sa propre expérience et elle marche en tête des améliorations qu'on veut introduire à l'aide d'un nouvel assolement.

En résumé, l'art des assolements consiste dans les principes généraux suivants :

1° Approprier les récoltes au climat, à la nature du sol et aux ressources dont on dispose ;

2° Alterner les récoltes, de manière que celles qui précèdent préparent le succès de celles qui leur succéderont ;

3° Entre deux récoltes épuisantes, placer une ou plusieurs récoltes améliorantes ;

4° Remplacer les plantes qui salissent le terrain par des plantes qui l'ombragent fortement ou qui exigent des cultures répétées pendant leur végétation ;

5° Semer les plantes fourragères seules dans

une terre propre, bien travaillée et bien fumée, ou dans la céréale qui suit immédiatement la récolte sarclée et fumée;

6° Réserver le fumier frais pour les récoltes binées ou fauchées en vert, au lieu de l'appliquer directement aux céréales;

7° Proportionner les récoltes qui ne rendent rien au sol avec celles destinées à y retourner sous forme d'engrais;

8° Établir les cultures, de manière que le travail soit réparti, autant que possible, entre toutes les saisons, afin qu'entre chaque semaille on ait le temps de préparer convenablement le sol et qu'on puisse remplacer les récoltes qui viendraient à manquer.

CHAPITRE IX.

SIMPLES NOTIONS D'ÉCONOMIE RURALE.

1. DU CULTIVATEUR. — 2. DU DOMAINE. — 3. DES CAPI-
TAUX. — 4. DES ENGRAIS. — 5. DU TRAVAIL. — 6. DE
LA COMPTABILITÉ AGRICOLE.

L'économie rurale est cette branche de l'agriculture qui a pour objet l'organisation des différentes parties de l'exploitation : elle traite, entre
autres choses, du cultivateur, du choix du domaine, de l'emploi judicieux des capitaux, des
engrais et du travail.

1. DU CULTIVATEUR.

Parmi les professions industrielles, l'agriculture
est une de celles qui exigent le plus de qualités.
Il ne suffit pas, en effet, que le cultivateur possède l'instruction et l'intelligence nécessaires; il
doit encore réunir le bon sens, l'activité, l'énergie, la prudence, la persévérance et cette sage
économie qui ne consiste pas tant à épargner les
capitaux, qu'à les employer à propos, sans avarice,
mais aussi sans prodigalité. Un esprit observateur
et exempt de préjugés est un don précieux pour

le cultivateur; il évite ainsi de suivre aveuglément des pratiques qui n'ont pour elles que la routine et il ne s'oppose pas aux innovations par la seule raison qu'elles lui sont étrangères. On sait que c'est par suite de cet esprit de préjugé, que les récoltes sarclées et les prairies artificielles ont été si lentes à se propager en France et cependant, aujourd'hui, on les regarde généralement comme deux sources principales de richesse pour l'agriculture. A combien d'autres améliorations non moins utiles l'ignorance et la passion ne font-elles pas encore obstacle? Le cultivateur doit encore se recommander par d'autres qualités. Il faut qu'il apporte dans toutes ses entreprises l'esprit d'ordre, sans lequel la machine ne peut marcher; il doit, en outre, étudier les circonstances qui l'entourent, se tenir au courant des prix, saisir les moments les plus avantageux de vendre et d'acheter et mettre, avant tout, la plus grande probité dans ses opérations, car la ruse et la supercherie finissent, tôt ou tard, par être découvertes et le bien mal acquis ne profite jamais.

2. DU DOMAINE.

Le cultivateur qui veut entreprendre l'exploitation d'un domaine doit, autant que possible, rechercher une localité qui lui présente les avantages suivants :

1° *Un sol de bonne qualité, d'une culture fa-*

*cile et qui ne soit pas épuisé ni infesté de mau-
vaises herbes vivaces.* La bonté du sol importe
plus que son étendue. Mieux vaut cultiver une
bonne terre, même à un prix élevé, qu'une mauvaise terre qu'on louerait à vil prix. Une terre
envahie par les mauvaises herbes, exige d'assez
fortes avances pour en être débarrassée ; on ne
peut songer à la bien cultiver sans cette opération
préliminaire.

2° *La réunion en un seul tenant, ou du moins
en grandes pièces, des diverses parties dont se
compose le domaine.* Des champs trop éloignés,
des pièces trop petites, font perdre beaucoup de
temps aux attelages ; il faut surtout éviter de
prendre des terres qui soient enclavées ; car, le
plus souvent, bon gré mal gré, on est obligé de
suivre la routine des voisins et l'on n'évite pas toujours les procès qu'entraîne cette position vicieuse.

3° *Des bâtiments bien distribués, en bon état
et placés, autant que possible, au centre de
toutes les pièces du domaine.* En général, les
cultivateurs attachent trop peu d'importance aux
bâtiments destinés à loger leurs bestiaux. Rarement les étables et les bergeries sont assez vastes
et assez aérées ; faute d'espace et d'emplacement
convenables, les fourrages sont logés, sans interruption de communication, au-dessus des animaux et reçoivent ainsi de fâcheuses émanations
qui les détériorent singulièrement. Des bâtiments
sains préservent les bestiaux de beaucoup de ma-

ladies ; leur bonne disposition contribue singulièrement à la prompte exécution des différents services dans l'intérieur de la ferme.

4° Des eaux de bonne qualité et assez abondantes pour la consommation du ménage, pour abreuver les bestiaux et suffire aux besoins du jardin potager.

5° De bons chemins d'exploitation.

6° Des débouchés suffisants pour l'écoulement des produits, ainsi que des communications faciles pour arriver au marché.

7° Une population probe, laborieuse, et assez nombreuse pour exécuter, en tout temps, les travaux de la culture.

8° Des terres qui ne soient pas sujettes aux inondations ou aux débordements des rivières.

Lorsqu'on prend une terre à bail, on doit, en outre, examiner avec soin les clauses et la durée du bail. Les propriétaires interdisent quelquefois au fermier la faculté de disposer des pailles et des fourrages ; cette clause, toute dans l'intérêt de la terre, peut être très-onéreuse aux environs des grandes villes, où le cultivateur trouve, en général, à vendre ces denrées à un prix avantageux, et où il peut se procurer une grande masse de fumier : c'est au fermier à juger s'il peut, ou non, supporter ces charges. Dans la plupart de nos départements, les baux sont ordinairement de trois, six ou neuf ans. C'est là un des plus graves obstacles aux progrès de l'agriculture, car dans un laps de temps si court, le fermier ne peut cultiver en bon père de famille ; les baux ne devraient jamais avoir une durée moindre de quinze à vingt ans, si les propriétaires étaient toujours certains de rencontrer dans le preneur un homme moral, intelligent, instruit et pourvu de capitaux proportionnés à l'importance de l'exploitation. Malheureusement, propriétaires et fermiers s'entendent rarement sur leurs véritables intérêts. L'un veut souvent louer son domaine au delà du prix raisonnable qu'il comporte ; il élève d'autant plus ses prétentions, que son fermier fait mieux ses affaires, comme si celles-ci n'étaient pas le résultat obligé de son travail, de ses économies et des capitaux qu'il a engagés dans le sol ; il refuse obstinément toute participation à des dépenses d'améliorations foncières qu'il lui importerait de faire tout aussi bien qu'au fermier : de là, l'impossibilité de marcher en avant. Ce dernier, de son côté, se croit trop souvent, pendant sa jouissance, plus maître du sol que le propriétaire lui-même ; par suite, il est prédisposé à s'exagérer ses droits, il les outre-passe souvent par des empiétements répétés et en cherchant sans cesse à éluder les clauses d'un bail qui limite son pouvoir ; de là, la lutte incessante entre deux forces qui, au lieu de se réunir pour leur bien commun, se paralysent, pour le moins, quand elles ne viennent pas se heurter et se briser l'une contre l'autre, au grand dommage de toutes deux. Plus le bail est long, plus les intérêts du fermier se rapprochent de ceux du propriétaire, plus il lui importe de cultiver en bon père de famille ; plus le bail est court, plus le fermier est naturellement porté à exploiter le fonds jusqu'à son entier épuisement. S'il est prudent de lui imposer certaines conditions restrictives pour les dernières années de son bail et d'exiger qu'il laisse en partant, à son successeur, un certain nombre d'hectares de prairies artificielles en bon état, il y aurait de l'inintelligence à lui imposer, soit l'obligation de ne pas dessoler quand le système de culture du pays est mauvais, soit de le gêner sans raison dans sa manière de cultiver. Quelle que soit du reste la rédaction du bail, il est bien difficile de maintenir la bonne harmonie entre le propriétaire et le fermier, si le premier n'est pas assez éclairé pour être raisonnablement désintéressé, et si le second n'est pas assez honnête homme pour respecter, sans l'intervention du tribunal, les conditions du bail ; trop souvent on fait l'expérience du proverbe : *Qui terre a, guerre a.*

3. DES CAPITAUX.

Il ne suffit pas d'avoir trouvé un domaine convenable et de réunir les qualités requises pour bien cultiver, il faut encore posséder les *capitaux* nécessaires à son entreprise ; ceux-ci se divisent en *capital mobilier* et en *capital de circulation.*

Sous la dénomination de *capital mobilier* on comprend les instruments aratoires, les bestiaux et la semence.

Les instruments aratoires doivent être proportionnés à l'étendue de l'exploitation et entretenus de telle sorte, qu'on puisse toujours s'en servir au besoin : cette dernière considération est souvent négligée; on attend ordinairement au dernier moment pour mettre ses instruments en bon état, tandis que la morte saison offre le moyen d'exécuter, à loisir, toute espèce de réparations. Il est essentiel de placer à l'abri de la pluie les instruments lorsqu'on ne s'en sert pas. Les herses, les charrues, etc., devaient toujours être munies de traîneaux, à l'aide desquels on les conduit aux champs et qui servent à les en ramener lorsqu'elles ne fonctionnent plus.

Les bestiaux sont de deux sortes : ceux qui fournissent surtout le fumier ou qui produisent des denrées de commerce, telles que du lait, du beurre, de la laine, etc., sont désignés sous le nom de *bétail de rente;* leur nombre doit être calculé sur la quantité de fourrage dont on dispose et sur la masse de fumier dont on a besoin. Les animaux employés aux cultures et aux charrois constituent le *bétail de trait;* leur nombre doit être limité aux besoins de l'exploitation, mais non pas si rigoureusement restreint, qu'on coure le risque de laisser des travaux importants en souffrance, faute d'animaux de renfort dans les temps de presse ou lorsque l'un d'entre eux a besoin d'un repos temporaire.

Le *capital de circulation* se compose d'objets dont la qualité est essentiellement variable, tels que le numéraire et les produits bruts du domaine. Le capital de circulation, représenté surtout par le numéraire, est la force motrice de toute l'entreprise; le produit net d'une exploitation est toujours en proportion directe des avances d'argent qu'on lui a faites, bien plus qu'en raison de la surface du domaine. L'étendue de l'exploitation et le mode de culture qu'on adopte peuvent seuls déterminer la quantité de ce capital; mais, si l'on n'a que peu d'argent à sa disposition, surtout lors de l'entrée en jouissance, il vaut mieux diminuer le capital mobilier et conserver intact le capital de circulation, afin de parer aux charges toujours onéreuses de la première année de gestion. C'est en partie par la pénurie des capitaux qu'il faut expliquer le peu de progrès qu'a faits l'agriculture dans certaines contrées de la France; la plupart des cultivateurs, du reste, sont rarement assez sages pour se contenter d'une terre en rapport avec leurs forces; ils oublient trop souvent qu'un hectare bien traité vaux mieux que deux hectares médiocrement cultivés et que des terres mal travaillées et maigrement fumées, non-seulement ne remboursent pas les frais, mais finissent encore par ruiner celui qui les exploite.

4. DES ENGRAIS.

L'engrais est le principal élément de la production végétale.

La cherté de l'engrais dans un pays est un indice certain de l'état avancé de son agriculture ; plus l'agriculture est arriérée, plus l'engrais est à bas prix. Autour des villes, la valeur du fumier s'équilibre avec la population et le nombre des animaux qu'elle emploie à ses besoins.

Tout sol auquel on demande, sans fumures, des récoltes répétées, finit par s'épuiser. Aucun sol n'est plus coûteux à fumer que le terrain complétement épuisé d'engrais ; mais, quelle que forte que soit cette dépense en pareil cas, aucun capital n'est mieux employé que celui qui a pour but de se procurer l'engrais nécessaire pour rendre au sol les forces qu'il a perdues.

La pénurie de pailles entraîne comme conséquence la pénurie de fumiers ; la quantité du fumier est en raison directe du fourrage qui produit les déjections du bétail et de la paille qui les reçoit et s'en imprègne.

Les animaux, ici, ne sont que des machines à engrais, ils les fournissent d'autant plus abondants et meilleurs, qu'ils sont plus copieusement nourris avec des fourrages de bonne qualité : les résidus de leur digestion, auxquels on a mêlé de la paille qui s'est chargée, à son tour, des parties

liquides des excréments, acquièrent plus de moitié du poids de la nourriture sèche en se transfor-
mant en fumier.

Dans l'appréciation des fumiers, il faut tenir
compte non-seulement du poids des fourrages
secs, mais encore de leur valeur nutritive; l'espèce, l'état de santé et la destination des animaux,
sont encore autant d'éléments d'appréciation
qu'on ne doit pas négliger.

Se procurer la quantité d'engrais nécessaire
pour les besoins de l'exploitation, l'obtenir au
plus bas prix possible, telle doit être la préoccu-
pation constante du cultivateur; le fumier le
moins abondant et le plus cher est toujours celui
qui provient d'animaux mal nourris.

5. DU TRAVAIL.

Le travail est un devoir imposé à tous les
hommes; pour le cultivateur, il est encore un des
capitaux les plus précieux, mais ordinairement
c'est celui dont on comprend le moins l'importance.

Le sol est le laboratoire du cultivateur. Sans
travail, nul produit à attendre du sol; après l'engrais, c'est par lui qu'il atteint toute sa valeur.

Dans les pays dépourvus de population, de capitaux et d'instruction, le sol privé de travail est
à vil prix; il acquiert d'autant plus de prix, que
cette triple condition de richesse se trouve mieux

remplie. Le prix du travail est donc un véritable régulateur en économie rurale, c'est, en partie, sur la proportion qui existe entre le prix du travail et celui du sol que sont fondés les différents modes d'exploiter, représentés, dans leurs extrêmes, par la grande et la petite culture.

Il n'est pas facile d'indiquer l'emploi le plus convenable du travail. En agriculture rien n'est absolu. Le travail n'est pas assujetti à une marche uniforme comme dans une fabrique ; on ne saurait donc déterminer son emploi d'une manière rigoureuse, on peut seulement se guider d'après les principes généraux suivants :

1° *Diviser autant que possible le travail, et appliquer chaque ouvrier à sa spécialité.*

2° *Mesurer les travaux qu'on veut exécuter d'après la force dont on peut disposer ; appliquer à chaque opération le nombre de bras nécessaire, mais ne jamais prodiguer la main-d'œuvre.*

3° *Éviter d'entreprendre plusieurs grands travaux à la fois lorsqu'ils ne peuvent être concentrés sur un même point.*

4° *Faire marcher les différents travaux suivant leur importance, et réserver pour des temps de loisir ceux qu'on peut ajourner sans inconvénient.*

5° *Ne jamais remettre au lendemain les travaux qu'on pourrait exécuter à propos ;* le temps perdu ne se recouvre plus et ce qui doit être fait, l'est toujours mieux aujourd'hui que demain.

Tous les travaux que nécessite la culture des terres s'exécutent par des attelages, c'est-à-dire par des bœufs ou des chevaux, ou bien à la main.

On n'est pas encore d'accord sur la préférence à accorder à tel ou tel genre d'animaux pour le travail des attelages.

Les chevaux travaillent plus vite et conviennent mieux que les bœufs pour les hersages et les charrois, mais ils sont plus sujets aux maladies et coûtent plus cher à nourrir à cause de l'avoine qu'ils consomment. D'un autre côté, les bœufs travaillent lentement et font moins d'ouvrage que les chevaux, mais ils sont plus rustiques, moins difficiles sur le genre de nourriture; ils conviennent très-bien pour le labour, et présentent, en outre, le grand avantage de ne pas perdre comme les chevaux, passé un certain âge, une partie de leur valeur, puisque après avoir travaillé pendant plusieurs années, on peut les engraisser et en tirer un parti avantageux; ils occasionnent aussi moins de dépenses pour leur ferrure et l'entretien des harnais; néanmoins, les circonstances spéciales où l'on se trouve peuvent seules déterminer si ce sont des bœufs ou des chevaux qu'il faut adopter. Quels que soient, du reste, les animaux qu'on emploie, il est nécessaire de ne pas leur faire exécuter des travaux au-dessus de leurs forces. Plus la terre est forte, plus le nombre des attelages doit être considérable ; des instruments aratoires bien confectionnés permettent de faire de notables économies sur cette lourde dépense.

Les travaux à la main conviennent mieux, en général, à la petite culture qu'aux grandes exploitations ; cependant celles-ci ne peuvent toujours s'en passer ; le cultivateur doit donc appliquer la main-d'œuvre toutes les fois qu'elle est indispensable, mais ne jamais la prodiguer sans nécessité.

On sait, en outre, que si dans un sol riche, le travail intelligent est toujours largement récompensé, les terres pauvres, en revanche, sont de mauvaises payeuses : le travail n'a donc pas la même importance dans l'un et l'autre cas. Dans le premier, il forme le principal levier de la production ; dans le second, loin d'être un élément de richesse, il serait infailliblement une cause de ruine, si on l'appliquait sans modération. Dans les bonnes terres, labours, hersages, binages et buttages répétés se convertissent en récoltes lucratives, tandis que ces mêmes cultures multipliées aveuglément dans les terrains pauvres n'aboutissent qu'à épuiser la bourse du cultivateur ; pour qu'elles leur soient également profitables, il faut qu'ils aient cessé d'être ce qu'ils sont, des sols indigents, il faut que les fumiers les aient élevés au rang de terres fertiles : l'engrais, en effet, exerce sur la production végétale une influence plus puissante que le travail : celui-ci fait naître la richesse, celui-là l'exploite.

6. DE LA COMPTABILITÉ AGRICOLE.

Tenir une *comptabilité*, c'est chercher à se rendre compte de toutes ses opérations jusque dans leurs détails.

Bien peu d'agriculteurs, en France, comprennent l'importance d'une comptabilité régulière appliquée à l'agriculture. On ne concevrait pas une fabrique sans tenue de livres et, par une étrange distinction, on la croit inutile dans les exploitations rurales, qui ne sont, en définitive, que des fabriques où l'on produit du blé, du colza, des betteraves, etc., fabriques fort importantes assurément, puisqu'elles s'adressent à nos besoins et que leurs rouages ne sont pas moins compliqués que dans une grande manufacture.

Pour bien sentir la nécessité d'une comptabilité agricole, le cultivateur doit, avant tout, se pénétrer de cette idée, qu'il est fabricant de denrées. Pour lui, point de succès à espérer, s'il ne s'efforce d'établir son *prix de revient* de telle sorte, que ses produits, portés au marché, lui donnent des bénéfices; or, ce prix de revient, comment le connaîtra-t-il, s'il n'examine à fond tous les détails de ses opérations, s'il ne les contrôle les unes après les autres; en un mot, s'il ne tient pas une comptabilité?

Dès son entrée en ferme, le cultivateur doit procéder à un *inventaire*, c'est-à-dire qu'il doit estimer en argent, article par article, tous les objets consacrés à l'exploitation; l'inventaire précède *l'ouverture des comptes.* Ceux-ci comprennent *les dépenses de ménage; les frais de nourriture des animaux et leur entretien; leurs produits en nature et en journées de travail; les denrées en magasin; la quantité d'engrais mise en terre; les valeurs en effets ou en argent, et les profits et pertes que l'on fait :* on note sur un *livre-journal* les opérations de chaque jour pour les reporter ensuite aux comptes spéciaux qui leur sont ouverts.

A la vérité, le cultivateur qui ne veut que savoir en bloc ce qu'il gagne ou ce qu'il perd, peut se contenter de faire annuellement son inventaire; mais cela ne jettera aucune lumière sur les résultats partiels des diverses branches de son exploitation, chose si importante pour son instruction et pour la direction de sa conduite. L'agriculture exige l'avance de capitaux souvent considérables. En général, l'homme qui se lance dans une entreprise agricole sans s'appuyer sur une comptabilité régulière, est exposé à mettre ou trop de timidité dans l'emploi de ses fonds, ou un abandon excessif non moins nuisible; la comptabilité seule peut lui donner des idées nettes sur l'étendue des dépenses qu'occasionne chaque partie de la culture et sur le plus ou moins de probabilité de bénéfice ou de perte. On ne doit jamais se dispenser de tenir des comptes et de les tenir régulièrement;

c'est un guide impartial à l'aide duquel on peut éviter de compromettre sa fortune en se livrant à une routine aveugle ou à des spéculations hasardées : la comptabilité est un contrôle qui ne trompe jamais[1].

1. Pour les détails de la comptabilité agricole, consulter l'excellent traité de M. de Dombasle, dans le deuxième volume des *Annales de Roville*.

FIN.

Imprimerie de Ch. Lahure (ancienne maison Crapelet)
rue de Vaugirard, 9, près de l'Odéon.

www.ingramcontent.com/pod-product-compliance
Lightning Source LLC
LaVergne TN
LVHW011901180726
843502LV00003B/546